什么是
数学？

WHAT
IS
MATHEMATICS?

梁 进 著

大连理工大学出版社
Dalian University of Technology Press

图书在版编目(CIP)数据

什么是数学？/梁进著. -- 大连：大连理工大学
出版社，2022.7(2024.6重印)
ISBN 978-7-5685-3806-0

Ⅰ.①什… Ⅱ.①梁… Ⅲ.①数学－普及读物 Ⅳ.
①O1-49

中国版本图书馆 CIP 数据核字(2022)第 070463 号

什么是数学？　SHENME SHI SHUXUE？

策划编辑:苏克治
责任编辑:王　伟
责任校对:李宏艳
封面设计:奇景创意

出版发行:大连理工大学出版社
　　　　　(地址:大连市软件园路 80 号,邮编:116023)
电　　话:0411-84708842(发行)
　　　　　0411-84708943(邮购)　0411-84701466(传真)
邮　　箱:dutp@dutp.cn
网　　址:https://www.dutp.cn

印　　刷:辽宁新华印务有限公司
幅面尺寸:139mm×210mm
印　　张:5.25
字　　数:86 千字
版　　次:2022 年 7 月第 1 版
印　　次:2024 年 6 月第 2 次印刷
书　　号:ISBN 978-7-5685-3806-0
定　　价:39.80 元

出版者序

高考，一年一季，如期而至，举国关注，牵动万家！这里面有莘莘学子的努力拼搏，万千父母的望子成龙，授业恩师的佳音静候。怎么报考，如何选择大学和专业，是非常重要的事。如愿，学爱结合；或者，带着疑惑，步入大学继续寻找答案。

大学由不同的学科聚合组成，并根据各个学科研究方向的差异，汇聚不同专业的学界英才，具有教书育人、科学研究、服务社会、文化传承等职能。当然，这项探索科学、挑战未知、启迪智慧的事业也期盼无数青年人的加入，吸引着社会各界的关注。

在我国，高中毕业生大都通过高考、双向选择，进入大学的不同专业学习，在校园里开阔眼界，增长知识，提升能力，升华境界。而如何更好地了解大学，认识专业，明晰人生选择，是一个很现实的问题。

为此，我们在社会各界的大力支持下，延请一批由院士领衔、在知名大学工作多年的老师，与我们共同策划、组织编写了"走进大学"丛书。这些老师以科学的角度、专业的眼光、深入浅出的语言，系统化、全景式地阐释和解读了不同学科的学术内涵、专业特点，以及将来的发展方向和社会需求。希望能够以此帮助准备进入大学的同学，让他们满怀信心地再次起航，踏上新的、更高一级的求学之路。同时也为一向关心大学学科建设、关心高教事业发展的读者朋友搭建一个全面涉猎、深入了解的平台。

我们把"走进大学"丛书推荐给大家。

一是即将走进大学，但在专业选择上尚存困惑的高中生朋友。如何选择大学和专业从来都是热门话题，市场上、网络上的各种论述和信息，有些碎片化，有些鸡汤式，难免流于片面，甚至带有功利色彩，真正专业的介绍尚不多见。本丛书的作者来自高校一线,他们给出的专业画像具有权威性,可以更好地为大家服务。

二是已经进入大学学习,但对专业尚未形成系统认知的同学。大学的学习是从基础课开始,逐步转入专业基础课和专业课的。在此过程中,同学对所学专业将逐步加深认识,也可能会伴有一些疑惑甚至苦恼。目前很多大学开设了相关专业的导论课,一般需要一个学期完成,再加上面临的学业规划,例如考研、转专业、辅修某个专业等,都需要对相关专业既有宏观了解又有微观检视。本丛书便于系统地识读专业,有助于针对性更强地规划学习目标。

三是关心大学学科建设、专业发展的读者。他们也许是大学生朋友的亲朋好友,也许是由于某种原因错过心仪大学或者喜爱专业的中老年人。本丛书文风简朴,语言通俗,必将是大家系统了解大学各专业的一个好的选择。

坚持正确的出版导向,多出好的作品,尊重、引导和帮助读者是出版者义不容辞的责任。大连理工大学出版社在做好相关出版服务的基础上,努力拉近高校学者与读者间的距离,尤其在服务一流大学建设的征程中,我们深刻地认识到,大学出版社一定要组织优秀的作者队伍,用心打造培根铸魂、启智增慧的精品出版物,倾尽心力,服务青年学子,服务社会。

"走进大学"丛书是一次大胆的尝试,也是一个有意义的起点。我们将不断努力,砥砺前行,为美好的明天真挚地付出。希望得到读者朋友的理解和支持。

谢谢大家!

苏克治

2021 年春于大连

前　言

　　大连理工大学出版社约稿，要我为即将走进大学的学生写一本介绍什么是数学的书。一时间有点为难。这个话题可大可小，可浅可深。对数学爱好者来说，好像是老调重弹，而对数学恐惧者来说，怕是一个字也看不进去。不过这些年来，我一直花时间从事数学领域的大众科普，也深知这个议题对提高大众数学素养的重要性。那么不管潜在读者对数学有着什么样的看法，也不管他们会不会因为读了这本书而去选修数学专业，我仍然觉得把我对数学的理解与即将踏入大学校门的孩子们分享是一件很愉悦的事。于是欣然接受了邀请。

　　那么，这本书怎么写？市面上铺天盖地的数学教辅书大多以高考数学为主要目标，在我看来，那些书只强调了应试数学技巧的一面，很有可能掩盖了数学思想的精髓、数学艺术的美丽以及数学应用的效用。这样的书尽管对高考很有帮助，但很多读者很可能"用完即扔"。还有些书强调了数学的有趣，这尤其对数学爱好者很有吸引力，但也有一个"副作用"，让很多人以为数学只是一小部分人的"宠物"。然而一个严峻的事实是，数学将直接影响到科学素养。换句话说，大众数学水平的高低将决定全民科技水平的高低。这句话虽然听起来有点危言耸听，但却是不争的事实。数学不应该只被看成高考的敲门砖、爱好者的游戏、一部分人的饭碗、大众的"恐龙"，而是一种现代人的基础素养。对数学的重视应该提高一个层次，数学的普及是扫除现代文盲即科盲的前提，也是每个公民要努力去做的事，更是我作为一个数学工作者应尽的责任。我想，这就是我写这本书的目的。

因而这本书的读者就应该更广阔一些，我想，撇开应试等目的，带一点"诗和远方"的情怀，任何教育背景的读者都可以一起讨论。为此我尽量用更亲和的语言，尽量展示那些前面提到的被应试数学忽略的数学的本来面貌。这本书分四个部分：漫谈数学，数学是怎么发展的？怎样认识数学？如何学习数学？第一部分比较务虚，关于什么是数学，有不少看法，这里我想通过恩格斯的定义、数学的历史、名人轶事和我的理解跟读者聊聊这个话题。第二部分介绍了数学的发展。第三部分是在第一部分的基础上谈谈我认为的数学和读者的关系。请喜欢数学的朋友想一想：你喜欢数学什么？是有用还是好玩，或者还有些什么更深层的东西？此前不喜欢数学的读者也来看一看：你是不是只是被什么不重要的细节绊住了脚步？换一种模式会不会海阔天空？对数学懵懵懂懂的孩子可不可能找到豁然开朗的契机？让我们手拉手，一起畅游数学的世界和世界的数学！第四部分比较务实，谈谈学习数学的方法，展望数学的前景。本书还有三个附录。一个附录是数学大事年表，列出了数学历史上的重大事件。另一个附录是数学的分类，以使读者了解那些大众鲜见的数学分支。最后一个附录是几个重要的数学奖项。

祝开卷有益。

梁　进
2022 年 7 月

目　录

漫谈数学

数学是打开科学之门的钥匙。

——培　根

　　数学无处不在，在自然中，在生活中，在想象中，也在未知中。那么数学究竟是什么，怕是一时很难回答。古今中外，不同的名人都对数学有着不同的看法，而这些看法的共同之处就形成了数学的内涵。

　　而对于我们这些普通人，数学有着很现实的意义，不管你喜不喜欢，你都必须与之打交道。我们一进学校，就有了必修的数学课，数学伴随了我们所有的青春记忆，而在这个记忆中数学扮演的角色，有的是灿星，有的是噩梦。但数学到底是好玩还是可怕？那就让我们走近它，从而更清楚地认识它，更深切地理解它。在这一章里，我们试图让大家的这种"走近"更加便捷。

▶▶数学的定义

关于数学，不同的数学家和哲学家对数学的确切范围和定义有一系列的看法，也有着许多定义。公元前4世纪的希腊哲学家亚里士多德曾将数学定义为："数学是量的科学。"在这里我们引用马克思主义创始人之一恩格斯（Engels，1820—1895）对数学的定义。

19世纪，恩格斯指出："纯数学的对象是现实世界的空间形式和数量关系。"

从恩格斯对数学的定义解读，数学（Mathematics）是人类对事物的抽象结构模式、量与量之间的关系和空间形式进行严格描述的一种通用手段，可以应用于现实世界的任何问题。数学的特点就是高度抽象性、精致严谨性和广泛应用性。

▶▶数学的分类

数学主要分为理论数学和应用数学。理论数学主要指研究数学本身而发展出来的数学学科，而应用数学是指应用各种数学理论去解决任何实际生活中出现的数学问题的学科。

➡➡理论数学

理论数学的大类有代数、几何、分析和概率统计。具体来说：

✦✦✦代　数

代数是研究数字和文字的代数运算理论和方法,更确切地说,是研究实数和复数,以及以它们为系数的多项式的代数运算理论和方法的数学分支学科。初等代数是古老的算术的推广和发展。代数学的西文名来源于9世纪阿拉伯数学家花拉子米的重要著作,书名原意是"还原与对消的科学"。这本书传到欧洲后,简译为algebra。

✦✦✦几　何

几何是研究空间结构及性质的一门学科。几何这个词最早来自希腊语"$\gamma\epsilon\omega\mu\epsilon\tau\rho\acute{\iota}\alpha$",由"geo"(土地)和"metron"(测量)两个词合成而来,即测地术。后来拉丁语化为"geometria"。分支有平面几何、立体几何、解析几何、射影几何、微分几何、拓扑学……最原始而权威的著作是欧几里得的《几何原本》。

✦✦✦分　析

分析也叫数学分析,是以实数理论为基础的微积分。

微积分学是微分学（Differential Calculus）和积分学（Integral Calculus）的统称，英语简称为 Calculus，意为计算。后来人们也将微积分学称为分析学（Analysis），或称为无穷小分析，专指运用无穷小或无穷大等极限过程分析处理计算问题的学问。

❖❖❖概率统计

研究自然界中随机现象统计规律的数学方法，叫作概率统计，又称为数理统计方法。分支有概率论、统计学、随机过程……

➡➡应用数学

应用数学（Applied Mathematics）是应用目的明确的数学理论和方法的总称，研究如何应用数学知识到其他范畴（尤其是科学）的数学分支。应用数学包括微分方程、向量分析、矩阵、傅里叶变换、复变分析、数值方法、概率论、数理统计、运筹学、控制理论、组合数学、信息论等许多数学分支，也包括对各种应用领域中提出的数学问题的研究。计算数学也常可视为应用数学的一部分。

数学更细的分类将在附录中展示。

▶▶数学是一种思维方式

这节我们把回顾历史的目光回到我们自身,来讨论一下数学思维及其带给我们的困惑和利弊。我们不妨将思维方式放得再宽些,讨论更大范畴的文科思维和理科思维。

什么是思维方式?所谓思维方式是指人们在处理外界信息过程中所形成的思维惯性(思维定势)。其本质是连接思维对象、工具和主体间关系的相对定型化结构。这是人们认识世界、处理事情和预测未来的一种习惯性方式。思维方式有天生的雏形,也有后天的改造,它与文化、历史、地理环境、风俗习惯、专业训练都有密切关系。没有经过训练的思维是散漫的、无序的。一方面,基础的学习和生长的环境使思维方式得到基本塑型,而专业的训练使思维的某些方面得到强化。受教育与其说是获取知识,不如说是进行思维训练。环顾周围的人,读者应该同意,每个人的思维方式是有差别的,有人缜密,有人灵活,有人僵化,有人混乱。好多俗话也反映了这种差别,如"一根筋""少一窍""认死理""花岗岩脑袋",等等。用人单位很多职位招人时多半招聘大学毕业生,很多时候并不十分在乎其知识面,而在乎其易改造程度。经过专业的学习，思维的某些方面已经得到强化，再灌以相应的业务知识，就会使聘用者合用。另一方面，强行塑造统一固定的思维方式是另一个极端，这就是我们常说的"洗脑子"。不难发现思维方式和专业训练有密切关系。

学数学的小伙伴考虑问题倾向于逻辑、严谨，而学艺术的朋友的思维就很跳跃。对的，即便同样学数学，你也会注意到同学们的思维方式不同，男生和女生不同，城市学生和农村学生不同，等等。数学是最抽象的，所以考虑问题最严谨却最不实际。其他理科比数学要实际得多，比如天文学，因为实验难做，所以以观察为主。但是理科还是着眼实事求是，讲究前因后果，立足演绎推理。有一个笑话，有一群科学家去苏格兰考察，在车上望到草原上有一群白羊，其中有一只黑羊。天文学家兴奋地说："我发现了一只黑羊。"物理学家抢过望远镜证实："这说明羊不全是白的。"数学家则摇头晃脑地说："我可以证明至少有一只羊，它的一半是黑色的！"但这些科学家至少还在讨论羊，如果让诗人来，可能就会说："草原上飘起朵朵白云，一颗黑珍珠从中闪亮……咱有白猫黑猫，英有白羊黑羊。"在这个笑话中，这些科学家在讨论抽象的羊。动植物学家可能注意到：白羊和黑羊是不是吃的一样的草，它们要不要分开来住？地质学家看到的是：羊群的颜色是非均质的、动态的;应急管理学家想到的是:当一只羊发现自己和别的羊不一样的时候,其他的羊充满了迷惑和敌意,也许需要进行应急管理了;生物学家感兴趣的是:羊毛的基因有没有突变? 化学家怀疑:是不是一种新型的羊毛染色剂问世? 历史学家考虑:羊的祖先和黑熊有没有交集? 军事家警惕:那只黑羊是不是披着羊皮的狼? 社会学家论证:论特异个体和从众群体的关系;政治家关心:黑羊领导下的羊群。……每个人都从专业角度给出了自己的看法,这就是典型的盲人摸象,用自己的理解去评价别的科目。或许,只有综合所有的考虑才是一个比较客观全面的结果。

一般地,文科和理科的思维方式不同,前者跳跃、发散,属形象思维,后者演绎、严谨,属逻辑思维。扩展全面的思维方式是创造性的源泉。而这两种思维的融合是今天一个社会人所要求具备的成熟、完整和健全的思维方式。而我们的专业训练往往限制了我们达到这种完善。只拘泥于自己的专业,你最多可以成为一个专家,却不能成为一个大家。

那么,专业训练是对思维方式进行改造和强化的吗?事实上,专业训练当然是为专业所需。通过专业学习,专业的特点为思维方式打上了深深的烙印。例如,我们很容易注意到学艺术的人和学数学的人的差别。前者大气磅礴,洋洋洒洒;后者逻辑严格,脚踏实地,拘谨深入。例如,我们要建一座大厦,先由建筑设计师设计。建筑设计师虽然应该有建筑的基本知识,但还应属艺术家即文科范畴,大可以天马行空,恣意构想。然而建筑设计师的设计必须得到建筑工程师的首肯。建筑工程师则应受工科训练,必须根据理科的数学和力学等理论研究设计方案的可行性。据说建筑设计师和建筑工程师是天生的敌人,他们常常为建筑的一个角、一个洞的处理大动干戈,后者从工艺、安全等因素考虑要砍掉,而前者觉得一砍掉就破坏了整体的美感,好像建筑工程师要割自己的肉一样,拼命维护。等到终于达成一致意见后,后续的工作就由建筑工程师主持执行,由工匠们一砖一瓦,完全按照图纸和程序实施完成,最终将想象落到实处。由建筑设计师的想象、建筑工程师的蓝图变成一座看得见、摸得着的大厦。在这个过程中所有人的贡献都是重要的,缺少任何一个环节,大厦都建不起来。所以门户之见和互相瞧不起都是可笑而有害的,应该摒弃。从这个过程我们也可以看出,不同的环节需要不同的思维。建筑设计师的思维方式是想象、新奇、不拘一格的。而建筑工程师的思维方式是实际、具体、一丝不苟的。我们也容易看出,让这些不同的思维方式换位,大厦都建不美,建不牢,甚至建不成。

下面我们研究一下思维方式的深化、拓展。我们每个人都有自己的专业,在知识爆炸的今天,通才越来越少。所以要正视由于专业训练给自己思维方式所带来的"偏科"现象。其他学科的思维方式不仅适用于其他学科本身,对自己的学科也有借鉴作用。所以要虚心学习其他学科考虑问题的方式。理科严谨,乃趋"渊",文科开阔,乃趋"博"。这两个学科的缺点也因之而来。文科不实,理科太紧。学习中的训练也就成型于此。例如,文科的人要克服反感理科"深奥难懂"的特点,学习理科严谨实际的思维,而理科的人要放下固有文科"空泛没用"的偏见,学习文科开放想象的思维。我们每个经过专业训练的人都倾向于某种思维方式,而且不自觉地把这种思维方式带进其他学科,有时是好事,可以攻玉。有时也是坏事,误看自己之石,事实上它不能喧宾夺主代替本山之石。

关于思维方式,还有几点要特别指出:

• 专业性思维并不特指该专业的人所专有的思维,而只是该专业训练过程中容易形成的思维方式。

• 思维方式有固定的趋势,在某些方面用起来很灵,灵过几次容易陷入僵化的状态而难以接受其他模式。

• 自己的思维方式一定有局限性,在讨论问题时要随时注意这种局限性,切不可用你的思维方式去评判世界上所有的事物。

• 思维方式也有改造的可能。要包容、欣赏其他学科,时时注意学习其他学科的优点,以丰富自己的思维方式。

• 某种思维在本领域也许够用,但越是处理综合性的问题,尤其是大问题,越是需要多模式思维。

回到数学。学习数学,将强化数学思维方式。数学思维方式严谨,缜密,理性。无论以后做什么工作,这种思维方式将会给工作带来裨益。但也要让自己的思维方式更丰满,并警惕唯数学思维方式的局限性。

▶▶**数学是一种美的形式**

相对于音乐的听觉美、绘画的视觉美这些能引起直接感觉的美,数学是一种思维美。数学的美体现在逻辑美、形式美、抽象美、自然美和艺术美。

➡➡ 数学的逻辑美

逻辑是指思维和事物的规律,具有严谨和准确的特点,并展现一种不可置疑的美。逻辑以演绎和推理的方式呈现,而演绎和推理正是数学的重要方法,所以逻辑是数学的灵魂,推动着数学的发展。

数学的演绎是从古希腊智者欧几里得的《几何原本》开始的。这本书流传了几千年,奠定了数学演绎的基础。所有关于平面几何的论断都建立在五大公理(也叫公设)上。对第五公理的否定使得非欧几何诞生。应用数学中大量的结果是先有数学理论,后由实践证实的,如太阳系中海王星的发现是先有推导,后来才观察到的。

逻辑美也在哲理美中体现:

• 人不能两次踏进同一条河流。

• 逆水行舟,不进则退。

• 磨刀不误砍柴工。

• 一尺之棰,日取其半,万世不竭。

• To be or not to be, this is a question.

这些谚语背后都有数学的支撑。

数学也经受着逻辑带来的挑战，这就是悖论，如芝诺悖论、无理数悖论、无穷小悖论、理发师悖论、说谎者悖论等。所谓悖论是指逻辑学和数学中的矛盾命题，即在逻辑上可以推导出互相矛盾的结论，但表面上又能自圆其说的命题或理论体系，形成各种"怪圈"，有很古老的历史。在数学上，悖论一直起着特殊的作用。公元前 6 世纪，克里特哲学家埃庇米尼得斯（Epimenides）说："所有克里特人都说谎，他们中间的一个诗人这么说。"就是一个例子。因为说话的埃庇米尼得斯是克里特人，假设他说的话为真话，则与他的断言相悖。假设他说的话为假话，则"所有克里特人都说谎"就是一个谎言，那么他说的话就应该是真话，又与他的断言相悖，这是逻辑悖论。还有时空悖论：如果一个人能返回过去杀死自己童年的外祖母，那么这个跨时间旅行者本人还会不会存在呢？信仰悖论：罗马教廷曾出了一本书，用当时最流行的数学推导出"上帝是万能的"。一位智者问："上帝能创造出一块他搬不动的石头吗?"范畴悖论：中国古代公孙龙（公元前 320—公元前 250）在《公孙龙子·白马论》提出的"白马非马"；芝诺提出的阿基里斯悖论：古希腊飞毛腿阿基里斯跑不过乌龟。这些悖论都形成一个个"怪圈"，自相矛盾。不过每次悖论的产生和解决都会使数学的发展更上一层楼。

悖论是哲学方面的探讨,给了很多人启迪、灵感和深思,
也给数学带来逻辑美。

➡➡ 数学的形式美

数学是简洁而深刻、对立而统一、对称而和谐、韵律
而灵动的,数学中公式和几何形状都具备这样的特点,它
们反映了事物内在的形态。这种美是直接的、简单的,但
却是本质的,而简洁深刻就是美的高级形式。

数学的形式美表现在多方面,例如众所周知的黄金分
割。黄金分割被誉为最能引起美感的比例,也被称为神圣
比例。它的定义很简单,即将一条线段分为两段,使得长
的一段比上短的一段等于整个线段比上长的一段(图1)。
通过计算,可以得到这个比例是一个无理数,长比短约为
1.618,短比长约为 0.618,两者互为倒数,而且差为 1。

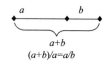

图 1

与黄金分割相关的还有:

• 黄金数列(斐波那契数列):0, 1, 1, 2, 3, 5, 8,

13，21，34，55，89，144，……

- 黄金矩形：长宽比为黄金比例的矩形。

- 黄金三角形：底腰比为黄金比例的等腰三角形。

- 黄金角度：137.5°。

- 黄金螺线：对数螺线。

数学中的很多曲线优美而神秘，被大量应用于工程和建筑。还有我们随处见到的对称、分形、螺线等都有内在的数学规律。

诗歌是语言美的表达，在诗歌中我们也能看到数学的形式美：对称、递进、循环、映射。

诗歌里的韵律和节奏都有着数学规律。例如：

花甲重逢，又加三七岁月。（141岁）

古稀双庆，更多一度春秋。（141岁）

以及

Roots are the branches down in the earth.

Branches are roots in the air.

（泰戈尔：根是地下的枝，枝是空中的根。）

➡➡ 数学的抽象美

数学是抽象的,它在想象理性的世界里自由地驰骋,在抽象的空间里美丽地飞翔。数学的发展就是从有限到无穷,从静止到运动,从离散到连续,从低维到高维,从确定到随机,一步步越来越抽象,越来越需要想象,所以这种美就是抽象美。抽象美是比具体的美更高层次的一种美。

例如,无穷这个概念在实际中看不见、摸不着,只有在想象中存在。唐代诗人陈子昂是这样描述无穷的:

前不见古人,后不见来者。

念天地之悠悠,独怆然而涕下。

还有各种各样的波在我们的生活中存在,我们却看不见,只能用数学抽象展现(图2)。

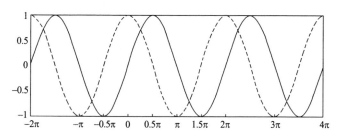

图2 三角函数(实线和虚线分别是正弦函数和余弦函数)

➡➡数学的自然美

我们眼里的大自然千姿百态，背后却有着自然规律。大自然是我们最好的数学老师，在大自然中处处显示数学的美和魅力。数学在此显示出其自然美。

在大自然中，四季的交错、日夜的更迭、物体的几何形态、事物的存在方式都显示出数学的自然美。在大自然中甚至有对抽象的数学理念直接诠释的自然现象。

自然的另一个含义是："就应该这样。"数学的定理、定义所表达的含义有着很强大的自然性。事实上，很多优秀的数学家对数学是非常"有感觉"的。他们观察一个数学结论会有它对不对的感觉。尽管这种"对不对"最终或通过证明或找到反例来加以证实，然而这种感觉是很多著名的猜想的缘由。当然这种感觉可能与数学天赋有关，也与长期系统的数学训练有关。而客观的事实一旦和你主观的"感觉"重合，就会产生一种心旷神怡的自然美。

➡➡数学的艺术美

人类自从有了劳动作品以后，艺术随之而生。开始的时候，创作的目的也许只是为了实用，但"美"的意识却已蕴含其中。今天我们审视远古时代我们的祖先留下的珍贵物件与器皿，就会发现，这些东西虽然材质粗陋，但做工手艺高超，形状符合数学中优美的几何形态。甚至不同文明中，很多东西也是有共性的。如果这些东西上再有点花纹，这些花纹就告诉了我们远古时代人们关于美的故事。五千多年前古埃及奥西里斯（Osiris）神庙的"生命之花"，也许就是人类留下的最早的艺术创造，却恰恰是一些几何味十足的圆圈的组合，通过其简单重复、变形而表现对称和韵律之美。而后来的艺术发展至今，几何和代数从来都是构成艺术的"基本元素"。

美术与数学至少在几何上是同源的，在色彩上是相关的，在透视上是一致的，在比例上是黄金分割的。也就是说绘画和雕塑的结构一定是数学的。但它们的关系远不止于此。从历史上看，数学的发展和艺术的发展互相交织，互相影响，数学的理念不断渗入到艺术作品，艺术的表达也越来越抽象。从文艺复兴时期的绘画、工业革命时代的印象派、近代艺术的立体主义，到现代的抽象艺术和计算机艺术，无不打上了数学的烙印，数学以各种方式特别是在美术中展现它的艺术美。

音乐与数学的关系也是很紧密的。音乐通用的两种记谱方式——简谱和五线谱分别是用数字的大小和空间的位置记录音的高低。音乐的媒介是声音，而声学的研究基础就是数学。能形成悦耳的音乐的背后正是有着数学"这只手"。

诗歌是用高度凝练的文字，通过一定的韵律和文学手段，表达作者情感、社会生活和哲理的一种抒情言志的文学体裁。简单地说，用言语表达的艺术就是诗歌。优秀的诗歌是脍炙人口、流传百世的。相对之下，数学的发展有着自己严谨而苛刻的轨迹，似乎不容诗歌那种飘逸和洒脱的风格。但从另一个角度来看，数学和诗歌虽然各有自己的天地，却都要求抽象、创新和想象。数学除了与诗歌的特点有所共鸣之外，其自身所包含的数字、逻辑、几何、节律、对偶乃至"哲理"，都是诗歌中常常出现的元素与话题。也就是说，在诗歌中也会展现数学的艺术美。

建筑和数学的关系主要体现在两部分，一部分是建筑的外观，一部分是建筑的结构。这两部分又是紧密联系的。建筑的外观不仅为了好看，也为了建筑的结构的牢固以及建材的节省。而建筑的结构更多地要用到数学计算。在今天人们有了计算机，就突破了传统建筑的外观的束缚，使得建筑成为艺术家们三维创作的舞台。

摄影、文学、书法、戏剧、舞蹈、民间艺术等多种多样的艺术形式背后都会看到数学的艺术美。

▶▶数学是一种语言

对大多数人来说，数学隐晦难懂。其实如果换一个角度，把数学看成是一种语言，就会容易接受得多。

所谓语言，就是人们沟通所使用的指令和交流方式。宇宙中最简单、最基本的语言文字是二进制。我们熟悉的语言方式一般是通过视觉、听觉或触觉方式来传递。从这个意义上说，数学是通过约定的符号进行交流，但相对于普通的语言，其使用的范围有所限定，即数学限定于表达空间形式和数量关系。

➡➡数学是国际通用的语言

数学的符号是国际约定的，也就是国际通用的。一个数学公式所表达的数量关系，任何一个国家的经过数学训练的人，也就是懂数学语言的人都是可以看懂的。所以对数学的讨论往往可以不用自己的母语而"手谈＋粉笔谈"，当然这种"手谈＋粉笔谈"也可以称为"公式谈""图形谈"。

➡➡ 数学是人与自然对话的语言

数学从某种程度上说，有点"人造"的意味，然而神奇的是大自然却是懂的，如黄金比例、斐波那契数列、π。大自然以数学的方式向人们展示它的奥秘，而人们要解开自然之谜，钥匙就是数学。从这个意义上说，人们是通过数学和自然交流的。

➡➡ 数学是揭示万事万物内在规律的语言

从自然到社会，从亘古到现在，万事万物的背后都有自己的规律。而表现规律的最好方式就是数学，数学是规律的语言。

所以，数学是世界上通用的探索事物内在规律的一种最重要的语言，也是人们与大自然交流的语言。这种语言严格，精准，没有歧义，没有多解。有了它，人们可以交流对大自然的认识；有了它，人们可以质疑和辩论对方的观点；有了它，人们可以解密纷繁复杂的现象；有了它，人们可以发现深刻的规律。

学习数学，可以用学习语言的方式，既要了解每个符号的含义，也要避开一些学语言的误区。例如，一般语言中有许多习惯用法，没有道理，记住就行。而数学语言中的每个符号都是有道理的，死记硬背不是好方法。

掌握数学这门语言就掌握了探索世界之谜的钥匙。

▶▶数学是一个强大的工具

数学的理论美是收敛的,数学的应用美是发散的,数学正是因其在科技人文各行各业中不可或缺的应用而散发美丽的光彩。因此对于非数学学科来说,数学是一个强大的工具。

• 演绎推理和实验成为科学的两大支柱,而演绎的主要方式就是数学。或许在其他学科中演绎不一定以数学的方式存在,但数学的学习将会强化演绎推理的能力。

• 今天的计算机时代,离开计算机的帮助就像砍断一只手,必定在激烈的竞争中落了下风。而计算机理论和算法正是以数学为基础的。大量的实际问题需要计算、模拟、校验已有公式,这些都需要用计算机辅助。

• 应用数学的一个直接而强健的纽带和桥梁就是数学建模。概括地说,数学建模是数学通向实际应用的必经之途,也是促进数学发展的重要因素。数学建模面对的是实际问题,它是应用数学的第一步,担负着如何将实际问题翻译成数学语言,提出数学问题,最后再将数学结果翻译到实际中去的工作。所以其至少担负着如下职责：

◆明白实际问题，发现问题中的数量或空间关系，用适当的数学工具表述这些关系。

◆深切理解数学，了解数学的长处和短处，掌握数学至少一个分支，并熟悉其他分支，找到最适合的数学工具去处理问题。所以一个数学建模者既要了解实际，也要领会数学的理论和方法。

然而数学模型并不是百分百地反映了实际问题，在建模的过程中，人们对实际问题进行了一定的假设和简化，突出了主要矛盾而忽略了次要因素，这需要人们在应用数学模型时要留意其适用范围，因此同一个实际问题可能由不同的数学模型表述。从某种程度上说，这正是数学的各个分支百花齐放、各具芬芳的原因。正如1998年菲尔兹奖得主、英国数学家高尔斯（Gowers）所说，数学所研究的并非是真正的现实世界，而只是现实世界的数学模型，也就是研究现实世界的一种虚构和简化的版本。其实，数学各个分支的研究对象，几何、代数、变量、方程……哪一个不是某方面具有该分支特点的数学模型呢？因此，可以说数学模型也是理论数学的研究对象，是理论数学的原始出发点。数学的发展史就是从实际中建立各种数学模型并对其研究深化的历史。因此数学建模在数学中的地位是举足轻重、极为关键的。

下面我们简述几个领域中数学的应用。

（1）物理学

物理学是与数学关系最紧密的科学。在数学系以外的专业中，物理系开设的数学课最多、最深。很多大物理学家同时也是大数学家。每一次物理学的重大革命都与数学有关，或者是引入了新的数学理论，或者是开启了新的数学分支。第一次物理革命与天体力学相关。牛顿不仅发现了万有引力，又发明了微积分，以此来阐述他的理论。第二次物理革命与电磁学相关。麦克斯韦发现了电磁波，并写出了优美的麦克斯韦方程组，揭示了电磁场之间的数学关系。第三次物理革命是广义相对论。爱因斯坦发现了引力波。他引入数学中的黎曼几何来阐述他的理论。第四次物理革命是量子革命。而量子力学则是建立在数学中的现代代数理论之上，并促进了数学中随机分析的发展。当下正进行物理的第二次量子革命。其主角是量子信息和它们的量子纠缠。描写这种新现象期待新的数学理论的发展。这将非常深刻地影响数学和物理的发展。

（2）化　学

化学的发现和重要成果分析都离不开数学，数学已经深入地进入了现代化学，并广泛应用于化学领域。例如，微观的物质结构、物质的分子结构就是几何拓扑学和群论研究的范畴。还有化学计算要用到计算数学和统计学的理论和方法。化学的很多成果都与数学有关。例如，1982 年，以色列科学家丹尼尔·谢赫特曼（Daniel Shechtman，1941 年出生）发现了准晶体，这种新的结构因缺少空间周期性而不是晶体，但它的原子排列展现了完美的长程有序，又不像非晶体，这个事实给晶体学界带来了巨大的冲击，推翻了许多晶体学已建立的概念。这种准晶体形态的结构就是代数镶嵌理论的研究范畴。更有意思的是，科学家们后来证明，准晶体中原子间的距离也完全符合黄金分割率。为此谢赫特曼一人独享了 2011 年诺贝尔化学奖。

（3）生物学

生物学似乎离数学比较远，但早在 20 世纪孟德尔的豌豆实验就揭示了显性遗传和隐性遗传的数学关系。而今天，数学与生物学已是水乳交融，生物学中更是用到大量的数学模型和数据统计方法,例如生态学中的捕食模型、驱替模型和人口模型都是偏微分方程模型。更有甚者,要解开 DNA 序列组这本"天书"的密码,还要靠数学。

（4）经济学

诺贝尔奖没有数学奖,然而近几年获得诺贝尔经济学奖的得主频频出现数学家的影子。这从一个侧面反映了数学正在大踏步地进入经济学领域并引领着经济学的发展方向。例如,天才数学家纳什(Nash,1928—2015)提出的纳什均衡给经济学带来了深刻的变化和巨大的进展。现在在非合作博弈论和经济分析所应用的博弈论中,纳什均衡都是核心。在经济学领域及与其相关的市场、金融甚至政治学中,纳什均衡都扮演着重要的角色。他与另外两位数学家在非合作博弈论的均衡分析理论方面做出了开创性的贡献,对博弈论和经济学产生了重大影响,从而获得了 1994 年诺贝尔经济学奖。布莱克(Black,1938—1995)、舒尔斯(Scholes,1941 年出生)、默顿(Merton,1944 年出生)的理论使随机过程、偏微分方程等高深的数学理论走进了金融领域,并拓展了一片崭新而深刻的数量金融天地。舒尔斯、默顿因发现了将股票期权与相关证券的风险分离的方法而获得 1997 年诺贝尔经济学奖。还有美国杰出的数学家和经济学家沙普利(Shapley，1923 年出生)，对数理经济学特别是博弈论做出过杰出贡献。2012 年，他与另一位经济学家和运筹学家罗斯(Roth，1951 年出生)因"稳定分配理论和市场设计实践"共同获得诺贝尔经济学奖。

（5）管理学

数学已经大踏步地进入传统上和数学关系不大的管理学。数学中的数学规划和运筹学正是现代管理学的基础。数学在统筹安排、合理调度、优化管理、科学计划等方面大显身手。

（6）今天的黑科技

人工智能、互联网、物联网、云计算、区块链、大数据处理、生物技术、超算等这些在我们现代生活中扮演着越来越重要角色的黑科技，其背后的支撑正是数学。

恩格斯说："一种科学只有在成功地运用数学时，才算达到了真正完善的地步。"在今天的时代，重温恩格斯的这句话，更是体会到对任何学科，学习数学的重要性。

数学是怎么发展的？

数学是知识的工具，亦是其他知识工具的源泉。所有研究顺序和度量的科学均与数学有关。

——笛卡儿

数学是一门非常古老的学科。人们认识世界，描述世界，其实是从数学开始的，而数学陪伴着人们和这个世界对话的全过程，也见证了人类文明的全过程。可以说，人类历史有多长，数学的历史就有多长。

了解数学的发展对理解数学本身，乃至知晓人类的思想是如何发展的是大有裨益的。在这一章里，我们就从数学发展的角度来走近数学。

▶▶ 数学的起源

在几百万年前，原始人在艰难的生存竞争中，自然产生了"数"的萌芽。最早与数有关的概念就是"有""无""多""少"之类。原始人跟自然界做的都是"一锤子买卖"，他们每天为生存挣扎，要外出狩猎，就要有方向和路标。最直观的就是日月星辰。而日月星辰还是人类最早的时钟。这就是最早的，也是数学最基本的元素：时空。

现在找到的最早数学记载与古埃及和古巴比伦文化相关。目前最古老的数学文本是《普林顿 322 泥板》（古巴比伦，约公元前 1900 年）（图 3）、《莱因德数学纸草书》（古埃及，公元前 2000 年—公元前 1800 年）（图 4），以及《莫斯科数学纸草书》（古埃及，约公元前 1890 年）。

随着人类历史的进展，人们积累了经验，增长了知识，学会了使用工具，他们发展出了种植和饲养，也慢慢从猎人变成了农民和牧民。定居生活意味着部落的消失和村庄的形成。随着生产力的提高，劳动有了结余，就形成了财产。这就对数学提出了更高的要求。他们要计算、分配、记录这些财产，还要编制日历，数学开始走进人们的意识。《易传》书中写道："是故易有太极，是生两仪，两仪生四象，四象生八卦。" 八卦中每一卦形代表一定的事物。

图3 《普林顿322泥板》(美国哥伦比亚大学图书馆藏)

图4 《莱因德数学纸草书》(大英博物馆藏)

乾代表天，坤代表地，坎代表水，离代表火，震代表雷，艮代表山，巽代表风，兑代表泽。八卦还代表其他属性，如东、东南、南、西南、西、西北、北、东北八个方位。而乾坤代表天地、男女、阴阳、正负等。这或许是中国古人对世界的最早描述。而这个描述充满着数学的理念。

八卦模型中分割数学意味已很浓，其隐含的哲学思想更深奥。图5中太极中的两仪相互依存，相互渗透，也反映古人对自然、对宇宙的理念。用形象的八卦解释万物，反映出古人对大自然的抽象和理解。虽然比较质朴而含蓄，但这个模型影响深远，至今在我们的生活中仍然有其不可动摇的地位。

图5　八卦和太极圆

最早的记数符号可能产生于古埃及和美索不达米亚。古埃及人将数字写在纸莎草上,而苏美尔人则把数字写在泥板上。他们都用单笔画表示个位数,用不同的记号表示十位数和更高的位数。后来的古罗马人继承了一些他们的成果,创造出了罗马数字。从一到十这些汉字数字,均可从甲骨文中找到原型。

在数学启蒙时期的古希腊,数学分为两块,分别是几何和代数。人们最早很自然地通过抽象个体认识了整数。接着在量度长度、质量和时间时,从"一半"等概念延展到两个整数的商,从而有了有理数。有理数包括所有的整数和分数。有理数对于进行实际度量是足够的。而几何来自大地测量。

▶▶数学的简史

公元前 6 世纪前,数学主要是关于"数"的研究。这一时期在古埃及、古巴比伦、古印度与中国等国家与地区发展起来的数学,主要是记数、初等算术与算法,几何学则可以看作是应用算术。

从公元前 6 世纪开始,希腊数学兴起,开始了对"形"的研究。数学于是成为关于数与形的研究,形成了数学的主体,并以此保持到 17 世纪。而代数和几何分别起源于计数、丈量大地及天文观测等实践活动。

17 世纪法国数学家与哲学家笛卡儿(Descartes,1596—1650)则认为:"凡是以研究秩序和度量为目的的科学都与数学有关。"

在 18 世纪的工业革命前后,生产力的发展使数学家们开始关注运动与变化。随着科学技术的发展,当时关于静态的数量和空间关系的数学研究成果已不能满足需求,因此用于处理变量的微积分就应运而生。当然,数学家们用了百年多才将其理论逐步完善,使得微积分成为今天强大的数学分析工具。牛顿与莱布尼茨制定的微积分本质上是运动与变化的科学。

第二次世界大战期间,弹道设计、飞行控制、物资调运、密码破译等方方面面对数学的迫切需求,快速地将数学推向了更多的领域,催生了一大批新的数学学科,第二次世界大战后迎来了应用数学蓬勃发展的时代。进入 20 世纪,电子计算机的诞生也大大改变了数学研究及数学应用的格局。计算机和大数据时代,数学的概念更加广泛,随机处理和数值计算的理论和方法也大步登堂,进入了理论数学的正厅。

当历史进入了 21 世纪,信息化社会和互联网时代对数学提出了更为广泛和深刻的要求。具有时代特征的大数据正在有力地推动着数学科学,现有的许多数学理论都面临它的挑战,同时它也给数学的发展进入一个新时期提供了难得的机遇。

概括地说,数学的历史大致分为 5 个时期:数学萌芽时期(公元前 600 年以前),初等数学时期(公元前 600 年至 17 世纪中叶),变量数学时期(17 世纪中叶至 19 世纪 20 年代),近代数学时期(19 世纪 20 年代至第二次世界大战),现代数学时期(20 世纪 40 年代以来)。

▶▶数学的发展

➡➡从具体到抽象,从低维到高维

整个数学的发展过程就是一个不停抽象的过程。从生活中具体事物开始,抽象出数字,再抽象出无理数、负数,然后抽象出代数、函数,接下来还有更抽象的元素。在几何中,从平面几何形抽象出高维几何形、流形、拓扑等。

而维数也从看得见、摸得着的二维平面到我们生活的三维空间,再到加上时间的四维,乃至任意整数维、分数维、无穷维等。

➡➡**从有理数到无理数，从实数到复数**

　　古代的数学从计数和测量开始，开始时是非常具体的量。当时的毕达哥拉斯学派重视自然及社会中不变因素的研究，把几何、算术、天文、音乐称为"四艺"，在其中追求宇宙的和谐规律性。他们认为：宇宙间一切事物都可归结为整数或整数之比。毕达哥拉斯提出"万物皆数"，他认为，有理数能把直线上所有的点用完。这反映了古希腊时期人们朴素的世界观。人们也通过艺术把这种世界观展现出来。大约在公元前5世纪，毕达哥拉斯学派的希帕索斯发现：边长为1的等腰直角三角形的斜边长为$\sqrt{2}$，$\sqrt{2}$是个不可通约数。新发现的数由于和之前的所谓"合理存在的数"即有理数在毕达哥拉斯学派内部形成了对立，被称为无理数。但可怜的希帕索斯却被故步自封而守旧的毕达哥拉斯学派的人投进了大海而淹死。

　　这个矛盾被毕达哥拉斯学派的欧多克斯通过给比例下新定义的方法解决了。他处理不可通约量的方法，出现在欧几里得的《几何原本》第5卷中，并且和狄德金于1872年给出的无理数的现代解释基本一致。几乎同时，对艺术产生重大影响的黄金分割数的发现和研究，就是在承认无理数的基础上进行的。

　　人们发现即使使用全部的有理数和无理数，也不能解决代数方程的求解问题。像 $x^2+1=0$ 这样最简单的二次方程，在实数范围内没有解。根号下的任意正数都是实数，不管有理数还是无理数。但不包括根号下是负数的情形，在代数方程求根中出现的负数的平方根在实数范围是没有意义的。开始，人们简单将其归结为无解。"虚数"这个名词是 17 世纪的数学家、哲学家笛卡儿创立，并和"实数"相对应。因为当时的观念认为虚数是真实不存在的数字。后来发现虚数可对应平面上的纵轴，与对应平面上的横轴的实数同样真实。承认其在更大的空间中存在，很多代数问题就迎刃而解了。再后来瑞士数学家欧拉（Euler，1707—1783）用 i 表示 $\sqrt{-1}$，即虚数单位，并用 $a+bi$ 表示复数，复数也就分成了实数、虚数两部分。德国数学家高斯（Gauss，1777—1855）总结了复数的应用，复数的系数对 (a,b) 和平面点的坐标形成了一一对应的关系。高斯还严格证明了每一个 n 阶的代数方程必有 n 个实数或复数解。有了复常数，就有了复变数，进一步也就有了复变函数。有了复数与平面点的对应，复数的神秘面纱才被完全揭开。到了 19 世纪，复变函数以其优美和谐取代了微积分而统治了抽象数学。为这门学科

数学是怎么发展的？

的发展做了重要工作的还有达朗贝尔（D'Alembert，1717—1783）、柯西（Cauchy，1789—1857）、黎曼（Riemann，1826—1866）和魏尔斯特拉斯（Weierstrass，1815—1897）。以后复变函数的理论和应用上的发展更是方兴未艾，并深入到微分方程、积分方程、概率论和数论等学科。

➡➡从平面几何到非欧几何

平面几何的鼻祖是古希腊数学家欧几里得（Euclid，约公元前 330—公元前 275），著有《几何原本》，共 13 卷。该书是欧几里得将公元前 7 世纪以来古希腊几何积累起来的丰富成果，整理在严密的逻辑系统运算之中，使几何学成为一门独立的、演绎的科学。

该书使用公理化的方法，提出五条公理。公理就是确定的、不需证明的基本命题，一切定理都由此演绎而出。在这种演绎推理中，证明须以公理或已被证明了的定理为前提。该方法后来成了建立任何知识体系的典范，在近 2000 年间，被奉为必须严格遵守的范例。

欧几里得在《几何原本》中提出的五条公理为：

公理 1 任意两个点可以通过一条直线连接。

公理 2 任意线段能无限延伸成一条直线。

公理 3 给定任意线段,可以以其一个端点作为圆心,该线段作为半径作一个圆。

公理 4 所有直角都全等。

公理 5 若两条直线都与第三条直线相交,并且在同一边的内角之和小于两个直角,则这两条直线在这一边必定相交。

第五公理称为平行公理(平行公设),可导出如下命题:

"通过一个不在直线上的点,有且仅有一条不与该直线相交的直线。"

平行公理并不像其他公理那么显然。许多几何学家尝试用其他公理来证明这条公理,但都没有成功。19 世纪,数学家通过构造非欧几里得几何,说明平行公理是不能被证明的。(若从上述公理体系中去掉平行公理,则可以得到更一般的几何,即绝对几何。)

第五公理和前四条公理比较起来,显得文字叙述冗长,而且也不那么显而易见。

第五公理在《几何原本》中直到第二十九个命题才用

数学是怎么发展的?

到,而且以后再也没有使用。也就是说,在《几何原本》中可以不依靠第五公理而推导出前二十八个命题。因此,有人提问,第五公理能不能不作为公理而作为定理？能不能用前四条公理来证明第五公理？

这就是几何史上最著名的、争论了长达两千多年的关于"平行线理论"的讨论。由于证明第五公理的问题始终得不到解决,人们逐渐怀疑证明的路子走得对不对？第五公理到底能不能被证明？

19世纪20年代,俄国数学家罗巴切夫斯基(Лобачевский,1792—1856)在证明第五公理的过程中另辟蹊径,提出和欧氏平行公理矛盾的命题:"通过一个不在直线上的点可以引最少两条平行线"来代替第五公理,然后与欧氏几何的前四条公理结合成一个公理系统。他想用反证法推导出矛盾。但在他极为细致深入的推理过程中,得出了一个个直觉上匪夷所思,但在逻辑上毫无矛盾的命题。他得出了两个重要的结论:

第一,第五公理不能被证明。第二,在新的公理体系中展开的一连串推理,得到了一系列在逻辑上无矛盾的新的定理,并形成了新的理论。这个理论称为罗氏几何,是像欧氏几何一样完善的、严密的几何学。例如,在他的理论中,三角形内角之和小于 180°。

1854 年,德国数学家黎曼在否定第五公理的另一个命题:"通过一个不在直线上的点不可以引平行线"的假设下开创了黎曼几何学,并为爱因斯坦的广义相对论提供了数学基础。在他的理论中,三角形内角之和大于 180°。

对非欧几何做出贡献的还有匈牙利数学家鲍耶·雅诺什和德国数学家高斯。

从非欧几何中可推导出一个极为重要的、具有普遍意义的结论:逻辑上互不矛盾的一组假设都有可能提供一种几何学!

非欧几何有广义、狭义之分。广义的非欧几何泛指一切和欧几里得几何(平面几何)不同的几何学;狭义的非欧几何只是指罗式几何(双曲几何)或黎曼几何(椭圆几何)(图 6)。通常说的非欧几何是指狭义的非欧几何。

➡➡从静态到动态,从渐变到突变

工业革命以后,许多人力的工作逐渐被机器代替。一家一户的手工作坊被大机器的流水作业取代,人们足

| 双曲 | 平面 | 椭圆 |

图 6

不出村的宁静生活被城际上下班的旋流所搅动。这段时间,科学技术得到飞速发展。社会对变量的运算要求陡增。科学大踏步地前进,科学对数学提出了前所未有的要求,分析作为一个重要的工具开始渗透到数学的各个分支。这一时期成为数学向现代数学过渡的重要时期,其中对变量的研究突破了传统的束缚。解析几何的发展使数学的老分支开始融合,非欧几何的出现使人们的目光更加开阔而深邃。这段时间出现了几位大数学家如欧拉、高斯等。特别是微积分的诞生和发展一波三折,诠释了人们挑战旧有认知的艰难。尽管对无穷小理解的限制引发了第二次数学危机,然而,人们的探索并没有停止,一批数学家对微积分的研究解决了人们的困惑。这段时间数学取得进展的象征就是微积分。

微积分的发展使人们掌握了分析这个处理动态的利器,也使很多传统的学科插上了分析的翅膀,于是一大批新的数学分支应运而生,如泛函分析、微分几何、微分方程等。

实际中的突变现象,也促进了对不连续函数和导数的研究。函数类不断扩大,广义函数也应运而生。

➡➡从确定到随机,从有秩到混沌

传统的数学以准确无误为美。但随着应用的发展,越来越多的随机因素落入了数学研究之中,那些原来是边缘学科的概率论、统计学和随机分析正以昂然的姿态进入数学研究的主流。

随机性首先在传统的有牛顿三大定律支撑的物理学中发难。19世纪末,经典力学在描述微观系统时的不足越来越明显。量子力学在20世纪初应运而生,由普朗克、玻尔、海森伯、薛定谔、泡利、德布罗意、玻恩、费米、狄拉克等一大批物理学家共同创立。其基础就是测不准原理。而创立了相对论并催生量子力学的爱因斯坦却对测不准原理持保留态度,他说:"上帝不会掷骰子。"在哲学的层面问题就是:随机性或不可精确预期性是不是客观世界的一个根本方面?

1827年,英国植物学家布朗利用一般的显微镜观察悬浮于水中由花粉所迸裂出的微粒时,发现微粒呈现不规则状的运动,后人就将悬浮微粒永不停息地做无规则运动的现象叫作布朗运动。布朗的发现是一个新奇的现象，它的原因是什么？人们是迷惑不解的。许多学者进行了长期的研究。一些早期的研究者简单地把它归结为由热或电等外界因素引起的。

1905年，爱因斯坦依据分子运动论的原理提出了布朗运动的理论。同时，波兰统计物理学家斯莫鲁霍夫斯基也做出了同样的成果。他们的理论圆满地回答了布朗运动的本质问题。美国数学家维纳（Wiener，1894—1964）用数学理论表述了布朗运动。现在布朗运动也叫作维纳过程，是一种连续时间随机过程。维纳过程在理论数学和应用数学中都有重要地位。在理论数学中，它导致了对连续鞅理论的研究，是刻画一系列重要的复杂过程的基本工具。在应用数学中，维纳过程用来描述不确定的过程。维纳过程在传统数学不知如何涉足的金融领域中大放异彩。1900年，法国数学家巴施里耶（Bachelier，1870—1946）在他的博士论文《投机的理论》中首先把股票的价格的随机性变化用布朗运动来刻画，并由此第一个为未定权益定价开了先河。斯坦福大学教授舒尔斯与同事布莱克在20世纪70年代研究出基于随机理论的期权定价的复杂公式。同时，哈佛商学院教授默顿也发现了类似的相关结果并解释了公式的金融意义，这些成果是当时经济学中最杰出的贡献。1997 年,诺贝尔经济学奖授予默顿和舒尔斯,同时肯定了布莱克的贡献。他们的期权定价模型为衍生金融工具的定价奠定了基础。

数学开始是研究有序的运动规律。但后来在研究确定性动力学系统过程中发现,因对初值敏感,系统有时表现出一种不可预测的貌似无规律的而类似随机性的复杂运动形态,这种现象被称为混沌。有些开始遵循简单物理规律的有序确定性运动形态的动力学非线性系统,会在某种条件下突然偏离预期的规律性而变成了无序的形态,从而形成混沌。混沌被认为是确定性系统中的一种内禀随机性。给予混沌现象的存在性和不确定性,也让数学的研究走上了一个新的台阶。

▶▶数学史上的三次危机

➡➡无理数的发现——第一次数学危机

毕达哥拉斯的"万物皆数"的"数"实际上是指有理数,也就是可通约数。但毕达哥拉斯的另一项重大贡献是证明了勾股定理。约公元前 5 世纪,毕达哥拉斯学派的希帕索斯发现了一些直角三角形的斜边不能表示成整数或整数之比的情形。这一悖论直接触犯了毕达哥拉斯学派的根本信条，导致了当时认识上的"危机"，从而产生了第一次数学危机。

到了公元前370年，这个矛盾被毕达哥拉斯学派的欧多克斯通过给比例下新定义的方法解决了。他处理不可通约量的方法，出现在欧几里得的《几何原本》第5卷中。

第一次数学危机对古希腊的数学观点产生了极大冲击。这表明，几何学的某些真理与算术无关，几何量不能完全由整数及其比来表示，反之却可以由几何量来表示出来，整数的权威地位开始动摇，而几何学的身份升高了。第一次数学危机也表明，直觉和经验不一定靠得住，推理和证明才是可靠的，从此古希腊人开始重视演绎推理，并由此建立了几何公理体系，这不能不说是数学思想上的一次巨大革命！

➡➡"幽灵"无穷小——第二次数学危机

18世纪，微积分由牛顿（Newton，1643—1727）和莱布尼茨（Leibniz，1646—1716）分别在前者1671年书写、1736年出版的《流数法和无穷级数》和后者1684年发表的《一种求极大极小和切线的新方法，它也适用于分式和无理量，以及这种新方法的奇妙类型的计算》中提出，从物理和几何出发开启了微积分时代。他们的功绩主要在于：把相关问题的解法统一成互为逆运算的微分法或积分法，并使其迅速成为当时解决问题的重要工具，在生产和实践上都有了广泛而成功的应用。

在微积分大范围应用的同时，理论的先天不足造成基础的问题也越来越严重。其焦点就是无穷小究竟是不是零？关于这个问题，两种答案都会导致矛盾。牛顿对它曾做过三种不同的解释：1669 年说它是一种常量，1671 年又说它是一个趋于零的变量，1676 年它被"两个正在消逝的量的最终比"所代替。但是，他始终无法解决上述矛盾。莱布尼茨曾试图用和无穷小成比例的有限量的差分来代替无穷小，但是他也没有找到从有限量过渡到无穷小的桥梁。由于理论不严密，尽管算法很有用，却使微积分的进一步发展举步维艰。于是人们为无穷小的意义而争论不断，大打出手。否定微积分的是英国哲学家、主教贝克莱（Berkeley，1685—1753），他于 1734 年写文章，攻击流数（导数）是"消失了的量的鬼魂……能消化得了二阶、三阶流数的人，是不会因吞食了神学论点就呕吐的"。他说："用忽略高阶无穷小而消除了原有的错误，是依靠双重的错误得到了虽然不科学却正确的结果。"嘲笑这个"幽灵"呼之即来，挥之即去。贝克莱抓住了当时微积分、

数学是怎么发展的？

无穷小方法中一些不清楚、不合逻辑的问题，攻击科学，维护宗教。无穷小究竟是不是零？无穷小及其分析是否合理？由此而引起了数学界甚至哲学界长达一个半世纪的争论，导致了数学史上的第二次数学危机。

18世纪的数学思想的确是不严密的，直观地强调形式的计算而不管基础是否可靠，如没有清晰的无穷小概念，从而导数、微分、积分等概念也不清晰，无穷大的概念不清晰，以及发散级数求和的任意性，符号的不严格使用，不考虑连续就进行微分，不考虑导数及积分的存在性以及函数可否展成幂级数等。

直到19世纪20年代，在很多数学家的不懈努力下，微积分的严格基础才逐渐加固，理论才趋于完善。从阿贝尔（Abel，1802—1829）、柯西等人的工作开始，到魏尔斯特拉斯和康托尔（Cantor，1845—1918）等人的工作结束，经历了漫长的半个多世纪的发展，基本上解决了矛盾，使只能应用的微积分成为数学分析这样一门严格的理论科学。然而后来牛顿和莱布尼茨两人及其弟子为谁最先发明了微积分打了几百年的官司，现在他们被公认为两人共同分享这个荣誉，理所当然地成为微积分的奠基者。

➡➡悖论的产生——第三次数学危机

第三次数学危机是随 1897 年的突然冲击而出现的,到现在从整体来看,还没有解决到令人满意的程度。第三次数学危机是由在康托尔的一般集合理论的边缘发现悖论造成的。由于集合概念已经渗透到众多的数学分支,并且实际上集合论成了数学的基础,因此集合论中悖论的发现自然地引起了对数学的整个基本结构的有效性的怀疑。

1897 年,福尔蒂揭示了集合论中的第一个悖论。两年后,康托尔发现了相似的悖论。1902 年,罗素又发现了一个悖论,它除了涉及集合概念本身外,不涉及别的概念。罗素悖论曾以多种形式被通俗化。其中最著名的悖论是罗素于 1919 年给出的,它涉及某村理发师的困境。理发师宣布了这样一条原则:他给所有不给自己刮脸的人刮脸,并且,只给村里这样的人刮脸。当人们试图回答下列疑问时:"理发师是否自己给自己刮脸?"就认识到了这种情况的悖论性质:如果他不给自己刮脸,那么按他的原则,他就该为自己刮脸;如果他给自己刮脸,那么他就不符合他的原则。

罗素悖论使整个数学大厦动摇了。无怪乎弗雷格在收到罗素的信之后,在他刚要出版的《算术的基本法则》

数学是怎么发展的?

第 2 卷末尾写道："一位科学家不会碰到比这更难堪的事情了，即在工作完成之时，它的基础垮掉了，当本书等待印出的时候，罗素先生的一封信把我置于这种境地。"于是罗素终结了近 12 年的刻苦钻研。承认无穷集合，承认无穷基数，就好像一切灾难都出来了，这就是第三次数学危机的实质。

人们过去一直认为这些悖论是利用了某些不易察觉的小漏洞，或者偷梁换柱，或者安设陷阱，都应该可以解决。特别是数学，其大厦应该有一个稳定的基础（公理），康托尔的集合论给了这样的基础，所有的数学家都可以在其上添砖加瓦，让其更完美。罗素悖论引发了第三次数学危机并使这座大厦摇摇欲坠。但罗素不只是一个破坏者，他也是一个修补者。他和其老师怀特海（Whitehead，1861—1947）写出了《数学原理》来努力维持着这座大厦。希尔伯特（Hilbert，1862—1943）更是要求数学家们按照罗素他们的定义系统既一致又完备地去修建大厦。这就是所谓的希尔伯特纲领。这个梦想被美国数学家哥德尔（Gödel，1906—1978）打破。哥德尔彻底摧毁了希尔伯特纲领，他指出，没有一个公理系统可以导出所有的真实命题，除非这个系统是不一致的，即存在着相互矛盾的悖论！于是要摆脱"怪圈"这个幽灵的努力是徒劳的，从而表明系统不是封闭的。尽管悖论可以消除，矛盾可以解决，然而数学的确定性却在一步一步地丧失。现代公理集合论的大堆公理，简直难说孰真孰假，可是又不能把它们都消除掉，它们跟整个数学是血肉相连的。所以，第三次数学危机表面上解决了，实质上是更深刻地以其他形式延续着。

▶▶著名的数学家

在数学发展史的长河中，许多数学巨星闪闪发光。在这里我们只列出其中几位杰出的数学家。

➡➡阿基米德

阿 基 米 德（Archimedes，公元前287—公元前212），古希腊哲学家、数学家、物理学家，并且享有"力学之父"的美称(图7)。阿基米德有一个著名的断言："给我一个支点，我就能撬起整个地球。"

图7　阿基米德

阿基米德确立了静力学和流体静力学的基本原理，给出许多求几何图形重心的方法。在中学就耳熟能详的阿基米德的故事是他的浮力定律：物体在液体中所受的浮力等于它所排开液体的重量。他还给出正抛物旋转体浮在液体中平衡稳定的判据。阿基米德在工程上还有多项发明，并给出了说明日食、月食现象的地球—月球—太阳运行的模型。阿基米德也是最早采用逼近分割法求椭球体、旋转抛物体等体积的人，这种方法已具有微积分的雏形。

➡➡牛 顿

　　牛顿（Newton，1643—1727），英国著名的物理学家、数学家（图8）。1643年，牛顿作为遗腹子出生于英格兰林肯郡乡下的一个小村落。牛顿并不是神童，学习成绩一般，但他喜欢读书，喜欢动手，对自然现象充满好奇。1661年，他进入了剑桥大学的三一学院。

图8 牛 顿

1665年，他发现了广义二项式定理，并开始发展一套新的数学理论，也就是后来为世人所熟知的微积分学。同年，牛顿获得了学位。1669年，他被授予卢卡斯数学教授席位。1684年，他完成了《物体在轨道中之运动》，总结了引力及其对行星轨道的作用、开普勒的行星运动定律和一些力学上的讨论。他发表了三大运动定律，还基于波义耳定律提出了首个分析测定空气中音速的方法。1704 年，他著成《光学》，提出光微粒说理论。1727 年 3 月 31 日，牛顿逝世。他被埋葬在了威斯敏斯特教堂。他的墓碑上镌刻着：让人们欢呼这样一位多么伟大的人类荣耀曾经在世界上存在。

牛顿对科学的贡献主要有：

• 1687 年，出版《自然哲学的数学原理》，对万有引力和三大运动定律进行了全面的描述，以此奠定了此后经典物理学的基础。他通过论证开普勒行星运动定律与他的引力理论间的一致性，展示了地面物体与天体的运动都遵循着相同的自然定律，为太阳中心说提供了强有力的理论支持，并推动了科学革命。

• 在数学领域，牛顿与莱布尼茨分享了发展出近代数学最重要的学科——微积分学的荣誉。他证明了广义二项式定理，提出了"牛顿法"以趋近函数的零点，并为幂级数的研究做出了贡献。

• 在力学、光学、声学等领域，牛顿也有诸多贡献，如阐明了动量和角动量守恒的原理，表述了冷却定律，发明了反射望远镜，根据色散和光谱提出了颜色理论，系统研究了音速。

·在经济学领域,统领经济学的金本位制是牛顿提出来的。

牛顿的名言:

·上帝是以数学的形式创造世界。

·我不知道在别人看来,我是什么样的人;但在我自己看来,我不过就像是一个在海滨玩耍的小孩,为不时发现比寻常更为光滑的一块卵石或比寻常更为美丽的一片贝壳而沾沾自喜,而对于展现在我面前的浩瀚的真理的海洋,却全然没有发现。

·如果说我比别人看得更远些,那是因为我站在了巨人的肩上。

·没有大胆的猜想,就做不出伟大的发现。

➡➡欧　拉

欧拉(Euler,1707—1783),瑞士数学家和物理学家(图9)。出生于 1707 年的欧拉是一位数学神童,他是有史以来最多产的数学家。他的全集共计 74 卷,平均每年写出八百多页的论文。他还写了大量的力学、分析学、几何学、变分法等课本,《无穷小分析引论》《微分学原理》《积分学原理》等都成为数学界中的经典著作。欧拉实际上支配了 18 世纪的数学，对于当时的新发明微积分，他推导出了很多结果。他更是把整个数学推至物理学的领域。在他生命的最后 7 年，欧拉的双目完全失明，尽管如此，他还是以惊人的速度产出了生平一半的著作。1783 年 9 月 18 日，在朋友的派对

图 9　欧　拉

中，欧拉中途退场去工作，最后伏在书桌上安静地去世了。

　　欧拉浩瀚而大气的工作不仅涉及各个领域，而且将其系统化。他在数学上的成就不胜枚举，以欧拉命名的常数、公式、定律、方程数不胜数。欧拉具有多方面才华的最显著特点之一，就是在数学的两大分支——连续的和离散的数学中都具有同等的能力。此外欧拉还在许多应用领域建功立业。具体来说，欧拉对科学的贡献主要有：

　　•在分析方面，欧拉综合了莱布尼茨的微分与牛顿的流数并解决了长期悬而未决的贝塞尔问题，并将虚数的幂定义为欧拉公式，在微分方程理论中创造了欧拉-格朗日方程，定义了欧拉-马歇罗尼公式，并创造了欧拉近

似法。

• 在数论方面,欧拉引入了欧拉函数。自然数的欧拉函数被定义为小于并且与之互质的自然数的个数,在计算机领域中的 RSA 公钥密码算法正是以欧拉函数为基础的。

• 在几何学和代数拓扑学方面,欧拉给出了单联通多面体的边、顶点和面之间存在的关系。

• 在图论和拓扑方面,欧拉解决了哥尼斯堡七桥问题,并以此开创了图论。

• 在力学方面,欧拉与丹尼尔·伯努利建立了弹性体的力矩定律,直接从牛顿运动定律出发,建立了流体力学的欧拉方程。

• 在音乐方面,欧拉的著作《音乐新理论的尝试》试图把数学和音乐结合起来。

• 在经济方面,欧拉证明如果产品的每个要素正好用于支付它自身的边际产量,在固定规模报酬的情形下,总收入和产出将完全耗尽。

• 在数学游戏方面,数独起源于欧拉发明的拉丁方块的概念。

➡➡高 斯

高斯(Gauss,1777—1855),生于
德国不伦瑞克,卒于格丁根,德国著
名的数学家、物理学家、天文学家
(图10)。高斯被认为是最重要的数
学家之一,并拥有"数学王子"的
美誉。

图 10 高 斯

高斯是数学神童。3 岁时便能够
纠正他父亲的借债账目,9 岁能算对自然数从 1 到 100 的
求和。1795 年,高斯进入德国著名的格丁根大学,开始对
高等数学做研究。1799 年,他完成博士论文。高斯所著
的《算术研究》在 1801 年问世。《算术研究》不仅是数论
方面的划时代之作,也是数学史上不可多得的经典著作
之一。1806 年,高斯成为格丁根大学数学和天文学教
授。高斯曾任格丁根天文台台长。1855 年 2 月 23 日清
晨,高斯于睡梦中去世。

高斯的数学研究几乎遍及所有领域,在数论、代
数学、非欧几何、复变函数和微分几何等方面都做出
了开创性的贡献。高斯一生共发表了 155 篇论文,
他对待学问十分严谨,只是把他自己认为十分成熟

数学是怎么发展的？

的作品发表出来。具体来说，高斯对数学的贡献主要有：

• 在复变函数方面，高斯总结了复数的应用，严格证明了每一个 n 阶的代数方程必有 n 个实数或复数解。

• 在代数方面，《算术研究》成为数论继续发展的重要基础。高斯还独立发现了二项式定理的一般形式以及数论上的"二次互反律"。

• 在几何方面，高斯得到了正十七边形尺规作图的理论与方法，从事了曲面和投影理论的研究，这项成果成为微分几何的重要理论基础。他独立地提出了不能证明欧氏几何的平行公理具有"物理的"必然性，至少不能用人类的理智给出这种证明，尽管他的非欧几何理论并未发表。

• 在概率统计方面，高斯通过对足够多的测量数据的处理，得到一个新的、概率性质的测量结果。在这些基础之上，高斯随后专注于曲面与曲线的计算，并成功得到高斯钟形曲线。其函数被命名为标准正态分布（或高斯分布），并在概率计算中大量使用。

• 在计算测量方面，高斯把数学应用于天文学、大地测量学和磁学的研究,发现了最小二乘法原理,解决了许多实际测量的具体问题。

• 在天文方面,高斯在最小二乘法基础上创立的测量平差理论的帮助下,测算了天体的运行轨迹。他用这种方法,测算出了小行星谷神星的运行轨迹。

怎样认识数学？

> 宇宙之大，粒子之微，火箭之速，化工之巧，
> 地球之变，生物之谜，日用之繁，无处不用数学。
>
> ——华罗庚

　　认识和认清一件事物，从来就不是一件容易的事，偏见、畏惧和自傲都是大敌。我们首先要克服的是"怕"和"不屑"的心态，要设法与你想要认识的对象"交朋友"，并对话交流。认识数学也是这个过程。很多同学会说，我认识它，它不认识我呀，这怎么对话，怎么交流？不错，数学有点"高高在上"，我们从小学开始就已经在"高攀"它，却常常不得要领，而它好像并不"垂青"我们。其实数学一直在向我们"示好"，只是你可能一直忽略了它传给你的信息，尽管这些信息有点隐晦，有点羞怯，有点被动，有点狡黠。在这一章中，我们试图破解这些信息，还原数学

强大、美丽而有用的形象。

▶▶ 了解数学的特点（抽象）

数学是高度抽象的艺术。它所表现的是量（或形）与量（或形）之间的关系而不在乎量（或形）的具体内涵。从小学、中学到大学，这种抽象关系一点点深化。所谓数学学不好，实际上是适应不了这样的抽象进程。

➡➡小学数学

就拿数量来说，上小学，第一次遇上抽象的数，1，2，3，4，此时这些符号并不代表具体的苹果或梨，尽管老师在解释时会拿苹果或梨或其他具体的东西说明。将数抽象后，就开始学习四则运算。这之后从"一半"等概念引出了分数、小数，乃至有理数。当你学会量与量之间的一些运算法则，可以把抽象的量还原到具体形态，在生活中就非常有用，因为你可以去买菜了，你可以去算账了，你可以去和别人"斤斤计较"了，也可以守己寸土不让了。数学的这个层次在小学就可以完成。

➡➡中学数学

到了中学，第一个挑战来自负数。这时，小小的脑袋瓜还没有"欠债""零下"等概念，而一下子很难接受比"没有"更糟的数字。幸好,前面说的概念在实际中还是存在的,经过老师的解释可以慢慢明白数字可以为负。接着接触到了"无穷不循环小数",尽管这已经很难想象,但还可以懵懵懂懂地接受,老师管这叫无理数。开始只知道圆周率 π 是无理数,好在考试只考 π 的近似 3.14,不考无穷不循环,除非训练记忆力时背到小数后几百位。对无穷的更深的理解还要学习大学数学。

接下来的挑战就是代数了。这是一个比数更高的抽象。有些运算无论针对什么数都是成立的,例如 $a-a=0$,不管 a 是什么样的数,这个式子都成立。这样的式子就叫作恒等式。学习代数,就学了一堆这样的恒等式及其之间的运算。然而,恒等式并不包括所有的等式,还有一类代数等式更有用。这类等式不是对所有的数字都成立,而是只对一些特定的数字成立。这样的等式称为方程。找出让代数方程成立的数字就是解方程。解方程在实际中非常有用,我们只要知道量与量之间所满足的一定的关系,就可以找出这个具体的量。我们就以"鸡兔同笼"这个古代经典的数学题为例来说明这件事。《孙子算经》这样记载这道题:

今有雉兔同笼,上有三十五头,下有九十四足,问雉兔各几何?

用白话文表述就是一个大笼子里关着一批鸡和兔子,数数有 35 个头,94 只脚,问其中多少只鸡、多少只兔子? 传统的解法有许多,如砍足法和假设法,但用代数方程,很容易得到答案:

设兔子有 x 只,则鸡有 $35-x$ 只,列式为 $4x+(35-x)\times 2=94$,$x=12$,鸡有 $35-12=23$(只)。

当然量与量之间的关系并非总相等,这样就有了不等方程。可以想到不等方程的解不再是一个数字,而是一个范围。

由代数,我们碰到了函数。中学期间,函数听起来高大上,却不是很懂(其实不到大学是很难理解这个概念的)。此时有线性函数、幂函数和三角函数。

中学里我们也学了平面几何,了解了最基本的图形如三角形、正方形等几何形状,以及它们的性质。其实困扰我们的不是要背这些性质,而是那些"要命"的证明题。很多同学看到问题的最后一句话"试证明……"就要晕过去。大家的困惑是不知道怎么证明,没有思路,不能模仿,那些例题照搬不来,有时发呆半天也理不出一个头绪。殊不知,这就是推演的最初形式。这时的学习方法要从原来的从模仿到熟练的方式变换成从结论倒推的方式："如果这件事成立，那么就需要下列条件……"，所以学习平面几何的意义不是要记住如同"三角形内角之和等于 180°"的结论，而是训练我们的逻辑思维方式。这对我们今后的生活中的大量的探索推理大有裨益。

➡➡大学数学

有了中学的数学基础，到了大学，中学学到的很多概念都有更深的含义，例如关于"无穷"，就会知道无理数比有理数多太多，而且它们的无穷量级还不一样。大学的基础数学课微积分让我们有了处理动态的利器。我们的世界本来就是一个运动的世界，所以用微积分武装后的我们有了更强大的在这个现实世界分析问题和解决问题的能力。高等代数扩展了所谓"空间"的概念。对各种空间中的各种关系和各种运算的学习，为今后熟练掌握计算机技术打下了基础。概率统计让我们有能力去处理实际生活中的各种不确定的量。

大学里数学的抽象程度进一步提升。学习过集合论后，集合里的元素大大扩展了"点"的含义，例如，一个函数也可以抽象成函数集合里的一个"点"。算术里的四则运算也可以"升级"成更高级的运算，这样对这些点定义了某种结构、某种运算，就形成了一种空间，或者给个别的什么名字。在这个新的空间里，也可以通过分析的手段找到各种关系。当你明白了数学的这种"玩法"，你也可以定义一个新的抽象空间。只要你的演绎合理，你就可以建立一套新的理论。当然，在大学里学习的都是较成熟的理论，而开拓新领域是要进行研究的，恐怕要到研究生阶段及之后才能进行。

我们将在"如何学习数学"部分对进大学后的一些基础数学课程的学习进行进一步表述。

▶▶亲和通用数学的方式（公式）

对大多数人来说，数学就是一堆公式。很多人就是因为不喜欢公式而远离数学。其实，公式是数学的语言而不是数学的实质。但公式恰是我们对话数学、理解数学思想的通道。

那么，我们如何克服"公式恐惧症"而理解数学并驾驭数学呢？

其实仔细想想，恐惧的来源实际上是不了解数学。要了解就要沟通。我们和数学沟通的方式是单向的。也就是说，如果我们不试图去了解数学，数学不会主动来和我们沟通。而我们要了解数学的路径的第一步就

怎样认识数学？

是亲和公式。换句话说,我们要克服心理的障碍试图去看懂公式,一旦我们看懂了公式,就有了和数学交流的语言。

其实数学的公式都是使用公认的符号表示一些关系,这些关系有些很直接,有些很隐晦。所以你要了解这些符号代表的含义,并力图明白公式中的符号所代表的量之间的关系。这里有个误区,就是有些同学学习数学时一知半解,并没有理会公式的含义,而是默认后硬记下来。久而久之就会产生一种拒绝感。相反,如果你理解了公式的含义,通过证明承认了公式的正确性,理解了公式背后所隐含的关系,你就会喜欢公式,也就获得了与数学对话、深入数学世界的途径。

公式也会很美,世界公认的最美公式是

$$e^{i\pi}+1=0$$

这个恒等式也叫作欧拉公式,它是数学里最令人着迷的一个公式,它将数学里最重要的几个数联系到了一起:两个超越数——自然对数的底 e、圆周率 π,两个单位——虚数单位 i 和自然数的单位 1,以及数学里常见的 0。数学家们评价它是"上帝创造的公式",它的美难以言喻。

优美而深刻的公式还有：

- 麦克斯韦方程组

积分方程	微分方程
$\oint_{\partial\Omega} \boldsymbol{D} \cdot \mathrm{d}\boldsymbol{S} = \iiint_{\Omega} \rho_f \mathrm{d}V$	$\boldsymbol{\nabla}\cdot\boldsymbol{D} = \rho_f$
$\oint_{\partial\Omega} \boldsymbol{B} \cdot \mathrm{d}\boldsymbol{S} = 0$	$\boldsymbol{\nabla}\cdot\boldsymbol{B} = 0$
$\oint_{\partial\Sigma} \boldsymbol{E} \cdot \mathrm{d}\boldsymbol{l} = -\dfrac{\mathrm{d}}{\mathrm{d}t}\iint_{\Sigma} \boldsymbol{B} \cdot \mathrm{d}\boldsymbol{S}$	$\boldsymbol{\nabla}\times\boldsymbol{E} = -\dfrac{\partial\boldsymbol{B}}{\partial t}$
$\oint_{\partial\Sigma} \boldsymbol{H} \cdot \mathrm{d}\boldsymbol{l} = \iint_{\Sigma} \boldsymbol{J}_f \cdot \mathrm{d}\boldsymbol{S} + \dfrac{\mathrm{d}}{\mathrm{d}t}\iint_{\Sigma} \boldsymbol{D} \cdot \mathrm{d}\boldsymbol{S}$	$\boldsymbol{\nabla}\times\boldsymbol{H} = \boldsymbol{J}_f + \dfrac{\partial\boldsymbol{D}}{\partial t}$

- 勾股定理

$$a^2 + b^2 = c^2$$

- 牛顿第二定理

$$\boldsymbol{F} = m\boldsymbol{a}$$

- 爱因斯坦质能公式

$$E_0 = mc^2$$

- 傅里叶变换

$$\hat{f}(\xi) = \frac{1}{(2\pi)^{d/2}}\int_{\mathbf{R}^d} \mathrm{e}^{-\mathrm{i}x\cdot\xi} f(x)\,\mathrm{d}x$$

$$f(x) = \frac{1}{(2\pi)^{d/2}}\int_{\mathbf{R}^d} \mathrm{e}^{\mathrm{i}x\cdot\xi} \hat{f}(\xi)\,\mathrm{d}\xi$$

• 德波罗意方程组

$$p = \hbar\kappa$$

$$E = \hbar\omega$$

• 薛定谔方程

$$i\hbar\frac{\partial}{\partial t}\boldsymbol{\Psi}(\boldsymbol{r},t) = \hat{H}\boldsymbol{\Psi}(\boldsymbol{r},t)$$

等等。

▶▶理解数学专业的内涵

进入了数学专业的学习,要理解数学的内涵不是一件容易的事。在今天由于科学的发展,科学分支越来越细,数学也不例外。我们终其一生也很难悟透整个数学。古时候那些"各行通吃"的智者今天已很鲜见。那么如何立足专业,放眼全科呢?

专业的学习主要通过课程的学习和参加导师的讨论班以及阅读大量的文献来实现。扩大眼界主要是通过聆听各种讲座。专业要精益求精,但也要扩大知识量。"他山之石可以攻玉。"有时其他专业的"鸡毛蒜皮"很可能就是帮你攻坚的利器。

具体到你自己的专业，那就要靠你自己去钻研，去体会。

一般来说，如前所述，数学有理论数学和应用数学之分，它们的内涵很不相同。这两部分的发展动力分别来自数学本身的内在动力以及自然和社会需求的外在动力，特别是后者，从前面的历史回顾可以看出它是数学形成和发展的原动力。这两股动力的合力就是数学生生不息、发展强劲的根本原因。自数学诞生的第一天起，这两部分就是相辅相成，共同发展的。它们息息相通，水乳交融，然而从表面上看，这两部分却各有自己的天地。特别是理论数学一旦形成了基本的概念和方法，就不一定需要来自实际的动力，更多的时候凭解决数学内部的矛盾和抽象思维就可以独自进行，甚至离实际越来越远，走进了象牙塔。但数学一旦缺少外部动力作为本源的支持终将式微，因此数学是离不开应用的。再者，随着科学和社会的发展，实际中大量的数学问题应运而生，急切地要求应用数学工具去解决，有些问题用已知的数学工具就可以解决，而更多问题对现有的数学理论提出了挑战，甚至催生了许多新的数学分支。所以数学的理论和应用的关系就像中国古典哲学思想的太极圆，你中有我，我中有你，而连接理论和应用的一个直接而强健的纽带和桥梁

怎样认识数学？

就是数学建模。关于它们的内涵，我们分别讨论。

➡➡理论数学

理论数学以它智慧的灵魂、优雅的身姿、严谨的思辨、简洁的语言，引无数智者竞折腰。它有哲学般的高贵，也得美学类的垂爱。它是科学的皇后。它目空江湖，我行我素，从不在乎别人，它自己就是一切。理论数学就是大众心目中的数学印象。简单地说就是深奥艰难、高不可攀加上莫名其妙。高斯曾说过："数学是科学中的皇后。"这里的数学主要就是指理论数学。

理论数学的发展源于自身的内在动力，与其有没有用无关，尽管很多结果在很多年后发现了其应用前景。人们相信，著名的数学猜想是对人类智慧的挑战，解决这些问题就像是在智慧的奥林匹克殿堂拿到了金牌，不仅极有成就感，也得到了世界最广泛的认可。各理论数学学科都有自己的问题，很多问题对没有基础的、离科技前沿很远的人是天方夜谭。然而著名的数学猜想是一说就明白，却历尽数百年，耗尽一代又一代一流数学家的脑筋才得到或还没有得到证明的问题，这些问题被尊称为"皇冠上的明珠"。在古代有著名的三大尺规作图难题：化圆为方、三等分角和倍立方体。后被证明不可能。这里我们列出近几百年来著名的三大数学猜想。

❖❖费马猜想

费马猜想又称为"费马问题",1637 年由法国数学家费马(Fermat,1601—1665)提出。若用不定方程来表示,费马猜想即当整数 $n > 2$ 时,关于 x, y, z 的方程

$$x^n + y^n = z^n$$

没有正整数解。

费马猜想源自费马在阅读丢番图的《算术》拉丁文译本时,曾在书旁写道:"将一个立方数分成两个立方数之和,或一个四次幂分成两个四次幂之和,或者一般地将一个高于二次的幂分成两个同次幂之和,这是不可能的。关于此,我确信已发现了一种美妙的证法,可惜这里空白的地方太小,写不下。"费马只是这么一说,人们并没有见到证明,之后费马猜想继续困惑着人们。后来人们越来越相信,如果有证明,即便是很厚的书籍,在空白处无论如何也写不下。

整整经过三个半世纪的努力,1995 年,这个世纪数论难题才由英国数学家安德鲁·怀尔斯(Andrew Wiles)和他的学生理查·泰勒成功证明。证明利用了很多费马后

来发展起来的新的数学，包括代数几何中的椭圆曲线和模形式，以及伽罗华理论和 Hecke 代数等，论文的证明有100 多页。于是费马猜想成为费马大定理。

❖❖❖哥德巴赫猜想

1742 年 6 月 7 日，德国一位中学教师哥德巴赫写信给当时的大数学家欧拉，提出了以下想法：任一大于 2 的整数都可写成三个质数之和。他希望欧拉可以帮忙证明，然而欧拉至死未能证出。这就是著名的哥德巴赫猜想。今日常见的猜想陈述是欧拉的版本，即"任一充分大的偶数都可以表示成一个素因子个数不超过 a 个的数与另一个素因子个数不超过 b 个的数之和"，记作"$a+b$"。

因现今数学界已不使用"1 也是素数"这个约定，原初猜想的现代陈述为：任一大于 5 的整数都可写成三个质数之和。欧拉在回信中也提出另一等价版本，即任一大于 2 的偶数都可写成两个质数之和。这也称为"强哥德巴赫猜想"或"关于偶数的哥德巴赫猜想"。从这个版本的论断可推导出：任何一个大于 7 的奇数都能被表示成三个奇质数的和。后者称为"弱哥德巴赫猜想"或"关于奇数的哥德巴赫猜想"。2013 年 5 月，巴黎高等师范学院研究员哈洛德·贺欧夫各特发表了两篇论文，宣布彻底证明了弱哥德巴赫猜想。

但强哥德巴赫猜想的证明还在路上，还在俯视着虎视眈眈的数学家们，最接近成功的是中国数学家陈景润的"1＋2"证明，即"任一充分大的偶数都可以表示成两个素数的和，或是一个素数和一个半素数的和"。

❖❖四色猜想

四色猜想又称为四色问题，是 1852 年由一位毕业于伦敦大学叫古德里（Francis Guthrie）的人在测绘工作中发现的有趣的现象："任何一张地图只用四种颜色就能使具有共同边界的国家着上不同的颜色。"也就是说，在不引起混淆的情况下，一张地图只需四种颜色来标记就行。用数学语言表示即"将平面任意地细分为不相重叠的区域，每一个区域总可以用 1、2、3、4 这四个数字之一来标记而不会使相邻的两个区域得到相同的数字。"这里所指的相邻区域是指有一整段边界是公共的。如果两个区域只相遇于一点或有限多点就不叫相邻的，因为用相同的颜色给它们着色不会引起混淆。古德里和在大学读书的弟弟决心试一试证明这个看起来并不复杂的问题。兄弟二人为证明这一问题写废了一摞摞稿纸还是没有任何进展。于是弟弟请教了他的老师、著名的数学家摩尔根。

在解题无果情形下，摩尔根写信向自己的好友、著名的数学家哈密尔顿请教。尽管努力论证，但直到 1865 年逝世，哈密尔顿也没能够解决问题。1872 年，英国当时最著名的数学家凯利正式将这个问题向伦敦数学学会公开，于是这个看似简单的四色猜想引起了世界数学界的关注。一时间各路数学英雄纷纷加入了这场大会战。不时有人宣称解决后来又被否定。虽然研究有了一定进展，如肯定了五色，否定了三色等等，而四色猜想仍然在让数学家们绞尽脑汁。与此同时，研究过程也刺激和促进了拓扑学与图论的生长、发展。

围绕这个猜想的名人轶事也不少。传说著名的数学家、爱因斯坦的老师闵可夫斯基（Minkowski，1864—1909）一次上课听学生提到四色猜想，便说到"这个问题是一个很有名的问题，至今没有解决是因为没有一流的数学家来解决它，现在看我了！"然后他拿起粉笔便在黑板上开始了证明。这一证明不要紧，一堂又一堂课过去了，四色猜想仍在猜想。有一天他在演算中雷雨大作，闵可夫斯基放下粉笔并自嘲说："上天也在责备我的狂妄自大！"然后擦掉黑板上的字，回到了原来的课程。

进入 20 世纪以来，特别是电子计算机问世以后，演算速度迅速提高，给四色猜想的证明提供了新的可能。

1976 年,美国数学家阿佩尔(Appel)与哈肯(Haken)在美国伊利诺伊大学的两台不同的电子计算机上,用了 1 200 个小时,做了 100 亿次判断,终于完成了四色猜想的证明。这也是第一次在计算机辅助下进行的数学证明。于是四色猜想变成四色定理。

除了这三大猜想外,著名的数学难题还有:P(多项式时间)/NP(非多项式时间)问题、霍奇(Hodgé)猜想、庞加莱(Poincare)猜想、黎曼假设、杨-米尔斯(Yang-Mills)存在性和质量缺口、纳维叶-斯托克斯(Navier-Stokes)方程的存在性与光滑性、贝赫(Birch)和斯维讷通-戴尔(Swinnerton-Dyer)猜想等。

2013 年,现代著名的数学家张益唐因解决了古老而著名的孪生素数问题,证明了存在无穷多对质数间隙都小于 7 000 万,而扬名天下。

➡➡应用数学

应用数学就没有理论数学那么神气了。因为它被打上了一个深深的烙印:工具。所以,应用数学只能是仆人的地位,只能依附别的学科而生存。既然是仆人,首先要找到一个好主人。如果它幸运地找到了一个好主人,就要扮演好自己的角色,它势必还要:

怎样认识数学?

• 须按主人的喜好行事。

• 要不断提高技能以满足主人的要求。

• 自己工作好坏要主人首肯。

当然，这个仆人如果表现优异，改变了主人的生活，给了主人一个光明的前景，那它可以被"扶正"，甚至反仆为主，将自己的名字写进主人的家谱。

从历史上看，数学家在其他领域应用数学，对其他领域产生革命性影响的事例不在少数。首先是物理学。事实上，许多物理学家同时是数学家。大家熟知的牛顿的三大定律，麦克斯韦（Maxwell，1831—1879）的电磁场方程组，爱因斯坦（Einstein，1879—1955）的相对论，这些都是用美妙的数学进行刻画的。他们不仅对物理学而且对数学的贡献都是巨大的。后来，数学所问津的新领域对该领域的影响常常是革命性的。例如，前面提到的纳什的纳什均衡，布莱克、舒尔斯和默顿的期权定价模型理论，引领了许多一流的数学家和一大批青年数学俊杰进入经济和金融天地。在我国，在理论领域如解析数论、矩阵几何学、典型群、自守函数论做出突出贡献的数学巨匠华罗庚先生（1910—1985）也深深涉足应用数学，他所研究的优选法和统筹法的实际意义巨大。不仅如此，华先生晚年一直身体力行地向基层推广优选法和统筹法，为应用数学工作者做出了表率。

但大多数应用数学工作者的主要工作需要具体问题具体对待，以对象为目标，以解决问题为目的。为了解决问题，应用数学工作者蓄发内功，见招拆招，八仙过海，各显神通。在应用数学中，不在乎你用的方法漂不漂亮，而在乎结果漂不漂亮，方法则是越简单越易懂越容易推广越好。但毋庸置疑，应用数学的重要性被越来越多学科所认识。

数学擅长处理各种复杂的依赖关系，精细刻画量的变化以及可能性的评估。它可以帮助人们探讨原因、量化过程、控制风险、优化管理、合理预测。事实上，应用数学是这样为其他学科服务的：

第一步，数学建模。即将研究对象的规律抽象出来，用数学的语言来描述。这是件很难的事情，要求建模者对建模对象有透彻的了解，这包括了解问题的本质、变化规律和各种因素的依赖关系；建模者也要有剥离问题，修剪枝杈，抓住主要矛盾并进行总结抽象的能力，还要有稳健掌控、灵活应用数学方法的功底。有时规律是知道的，但需要对具体问题进行参数设定。很多时候模型是数学的反问题。

第二步，利用数学理论和计算机技术，对建立的数学模型进行推演、论证和计算，得到数学结果。这部分是数学工作者的拿手好戏。在计算机时代的今天，许多模型可以通过计算或模拟得到结果。当然也有可能模型所提出的数学问题的难度超过了现有的研究水平，或者激发一个新的数学领域。

第三步，验证数学结果。这个验证有两方面的意义。一是检验模型建立的对不对，有没有"捡了芝麻，丢了西瓜"，或者干脆连"芝麻"也没捡到；二是检验数学的推演和计算对不对。检验的方法有：常识检验、压力测试和历史数据验证。

第四步，分析数学结果。因为成功的数学结果往往大于人们的预期，告诉人们许多"猜不到"的结论。将数学结果分析、讨论，用研究对象本来的语言将结果重述，可以达到甚至超过原课题所要求的目的。

随着科学的发展，应用数学的主人越来越多，对应用数学的要求也越来越高。从原来的自然科学学科，到现在的很多交叉学科、社会学科，都能见到数学的踪影。近年来，技术上的飞跃使计算机的发展、计算能力不断翻番。而各学科与计算机之间的桥梁就是数学模型。毕竟在计算机飞速发展的今天,脱离这个现实必定落伍,必定在低水平上徘徊,那也就更谈不上赶超世界先进水平。然而,应用数学虽然重要,但作为仆人是不好当的。

对应用数学工作者来说,首先,要精通数学,深刻理解数学各分支的特点和进展。其次,还要充分理解其服务对象,也就是说,要将数学"应用"进某个其他学科,你至少是半个该学科专家。你要学习该学科的基本原理,理解该学科的困难问题,弄懂该学科的行话,明白该学科处理问题的方式,清楚该学科想要的结果。更重要的是你要有和该学科的专家进行研讨问题的能力。结合自己的修养,把问题在该学科的容许范围内简化抽象,再归入某类数学分支,然后应用自己在这个分支的长项来解决问题。得到结果后,再反馈给原学科,听取原学科专家对这个结果的评判。还要耐心地进行教育、提高原学科的数学水平,推广你的成果。再者,要会熟练应用计算机,并能随时跟踪最新的计算技术。当然也要求有很高的外语水平,时刻关心其他类似问题的解决方案和进展。可以看出,应用数学工作者不好当,这种要求十八般武艺样样精通的活当然不好干。

那么想用数学的主人学科呢,也不应该坐着不动。

要想应用数学为你服务到家，也要努力。首先你要了解
数学，要明白哪些事是数学可以做的，是可以做好的。要
有能力让应用数学工作者明白你的问题所在，并向他们
提供所有你已有的资料，包括原理、经验公式、实验数据
等。参与建模过程，因为你对建模的理念、条件的简化最
有发言权。跟踪应用数学工作者的工作过程，随时对他
们的工作方向提出自己的意见，还要让他们清楚地知道
你想要的预期。最后对应用数学工作者作出的结果进行
专业评价，并由此调整自己的工作。如果由此取得进展
或成功，应肯定应用数学工作者的工作并与其分享成果。

▶▶不惧数学的难繁

数学不光是优美的，有时也显示出其令人讨厌的脾
气，那就是有时候它很"难"而让人畏而却步，有时候它很
"繁"而让人不胜其烦。

数学的难和繁是因为很多结果藏在重重障碍之中，揭
开它需要坚硬扎实的数学基础、巨大与顽强的耐心、坚韧不
拔的毅力、忍受无数次失败的考验和不计回报的尝试。

如果你只想混一个数学文凭，只求得过且过，数学考
试 60 分即可，那么这节内容可以跳过。

在你准备挑战难题，进行数学科研时，你要反复问自己，我准备好了吗？有人说科研是天才的游戏。但在科研上有成就者不一定是天才。今天的任何一项科研成就都离不开团队作业，许多人都为这项成就默默无闻、辛劳艰苦地工作。你很可能就是其中的一员。而摘取成功果实的只是少数人，他们背后写满了辛酸、艰难和困苦，当然也有运气。这种人也有可能就是你。但如果你不进入科研团队，你连共享成就的机会都没有。所以抛弃幻想，准备吃苦，耐住寂寞，决不放弃才有可能成功。而且我觉得这种寻求成功的过程更重要些，你在这个过程中能够完善自己，提升自己。

　　很多同学在做科研之前，把科研想得很美好，觉得科研是由自己名字冠名的成果、掌声、鲜花组成的。然而一进来就大失所望。每天有读不完的书，查不完的资料，编不完的程序，做不完的实验，所做的工作不是为考试，不是为作业，不知还有什么用，还经常与失败为伍，自然心态就发生了倾斜，以致在心理上开始厌恶科研，悔不当初。实际上，科研就像一场长跑，长跑作为一个成本最低且最有效的运动，其意义远远超过了锻炼身体本身。长跑的过程又累又无聊，锻炼身体的效果也不是马上所见。跑过长跑的人都知道，长跑的过程中身体会经历一个极

怎样认识数学？

限过程,那时身体极为难受,喘不上气,一步也迈不动了,但这时只要坚持越过了这个过程就会越跑越轻松。那种战胜困难后的喜悦是难以言表的。所以长跑也是一个锻炼意志的过程。要做成功一件事,没有坚强的意志是不行的。只靠兴趣是远远不够的。科研也一样。如果你坚持不了,你做其他工作也做不好。很多困惑的同学可能正经历着科研极限期,不要轻言厌恶。如果你想成功,请告诉自己,再坚持一下!

所以,为踏上数学之路的学子加油、鼓劲,无限的风光正是在艰难地攀登,克服了难和繁之后。

▶▶欣赏数学的世界和世界的数学

数学虽然看起来很高大上,但我们要清楚它具有深刻的两面性。

➡➡独立性和依附性

数学具有一定的独立性,似乎可以自顾自地发展。很多人认为,研究数学,一张纸、一支笔就可以了,不需要依赖其他东西。实际上这里有一个很大的误区。当数学问题抽象出来后,演算和推导也许用纸和笔就可以了,但数学研究更需要读书和信息交流。在今天有了计算机这个强大的工具后,计算机的辅助更是必不可少的。而且在计算中新的方法也是很重要的。所以今天的数学研究也非常依赖新的技术。如果说古代数学是完全独立的,那么今天的数学的独立性越来越弱,数学的发展已非常依赖于其他学科的发展,其他学科不仅有技术在理论上对数学的需求,也给数学提供了新思想、新方法和新问题的滋养。

➡➡严格性和通适性

数学是严格的。在小学时我们就被老师告诫,数学计算连一个小数点都不能错。后来上中学时学到无理数,知道不能写出整个数,于是很不情愿地接受了约等号。而数学推导也是丝丝入扣,一点都不能马虎。一个推导经得起任何人的验证。然而好的数学模型具有通适性的特点,它不仅适用于要解决的问题,而且适用于具有类似性质的一类问题。例如,热传导方程本来是从研究热扩散现象推导出来的,它也可以用于污染扩散问题,甚至出现在金融的衍生品定价问题中。

➡➡纯洁性和繁复性

数学很纯洁,除了符号还是符号,除了线条还是线条,没有多余的感叹句。一个漂亮的证明,有时就几行,

怎样认识数学?

却巧妙、深刻。但有时也很繁复。有了计算机,所要解决问题的难度和繁度也几何般地增长,于是从一摞摞稿纸草算变成了成千上万条程序命令的编制,以及一遍遍的程序纠错。

➡➡**超前性和滞后性**

数学的研究有超前性,很多数学理论完全建立在解决自身的矛盾、遵循自身的规律发展之上,完全不知和现实有什么关系。或许某种理论的研究结果要过很多年才找到用处。例如,莱布尼茨研究的二进制过了几百年才在计算机语言上大展宏图。但是,在实际中出现的许多数学问题,数学却不能解答,以此发展出新的数学分支。例如,微积分的发明就是先有方法后有理论的。这些数学与实际的关系,显示出了数学具有矛盾的超前性和滞后性。

➡➡**抽象性和自然性**

数学是抽象的,这个不可置疑,然而,它却有很大的自然性,大自然用很多方式去诠释了很多艰深的数学理论。这需要我们去做"有心人"。牛顿因为一个砸到头上的苹果而发现万有引力,笛卡儿因为观察到蜘蛛网的形状而发明了直角坐标系。在数学史上,这样的例子比比皆是。

➡➡古老性和青春性

数学是古老的,它几乎和人类文明史一起成长。古老的数学问题,有些解决了,还有一些仍然在挑战人类的智慧。数学也是新鲜的。由于新的生活方式、新的技术手段、新的社会形态的出现,新的数学问题也不断涌现,新的数学分支也不断出现。数学和其他学科也越来越融会贯通,在很多学科不断老去的今天,数学更加青春靓丽,更显示出其勃勃生机。

➡➡简约性和困难性

在应用数学中,数学并不是越难越好,而是越简单越好。因为只有越简单才越容易被大众接受,应用范围才越广。但在理论数学中越有价值的问题越难。一般来说,容易和简单的问题已经解决,剩下的都是“难啃的骨头”。所以要解决难题,就要有克服巨大困难的决心和毅力。

➡➡自演性和应用性

数学可以自成一体,自顾自地发展,这就是理论数学的模式。如非欧几何的发展完全来自欧式几何内在的不完整性。但数学的应用性却让它和其他学科的发展紧紧地捆绑在一起。

➡➡坚硬性和柔软性

数学被誉为"硬科学"，因为它对错分明，没有商量的余地。但另一方面，数学在应用时对实际问题的解决却表现出很大的柔软性。不管你用哪种数学方法，只要你能满足实际的需求就行。还有在处理近似计算、模糊信息时，数学也表现出一定的柔软性。

➡➡思辨性和工具性

古时候，数学属于哲学的范畴，如同时是哲学家的数学家就有柏拉图、笛卡儿等。数学中的很多问题都会归结于哲学问题，例如前面提到的很多悖论。但在应用方面，数学就是一个工具，好不好用要看数学有没有现实的需要，还要看使用的人对数学的熟练程度。

如何学习数学？

> 在数学的领域中，提出问题的艺术比解答问题的艺术更为重要。
>
> ——康托尔

不仅进入大学后数学专业的学生必须学习数学，其他专业特别是理工科专业学生也必须学习数学。说得更广一点，数学是每一位具备或欲具备科学素质的人的终生必修课。但数学不是想学就能学好，很多人或者被数学的抽象唬住，或者被数学的难吓住，或者被数学的繁惊住，"倒"在了学习数学的路上。所以如果不轻言放弃，如何学习数学是一个重要的课题。

在这一章中，我们着重谈谈在大学里的数学学习。如果说在中学期间大家知道数学重要，多半是因为数学在高考中的比重很大，那么到了大学，数学的重要性在哪呢？只是为了学分吗？很多中学期间为应考而进行的题海战术还管用吗？进入大学后，很快又发现，大学课程的自学分量大大加重。

▶▶循序渐进地学习数学课程

大学的数学课程，尤其是数学专业的课程都设计成循序渐进式的，也就是说先修的课程是后续课程的基础。所以很大程度上说，如果前面的课程没学好，后面的课程很可能步步跟不上。所以一进大学就必须进入应战状态，不能以为高考结束，进入大学就万事大吉而高枕无忧地放松自己。

具体的课程将在"大学数学基础课程简介"部分进行介绍。基础数学课程之间的递进关系如图11所示。

对于应用数学，则需要学习尽量多的数学理论课程，并针对具体的实际问题"见招拆招"。也有些课程打上了应用数学的烙印，如数理方程、运筹学、离散数学、图论和数学建模。应用数学专业还有一个重要的课程和技能就是掌握计算技巧。而计算数学主要是学习计算机语言，在计算机上实现数学问题的表示。例如，很多微分方程无法得到解析解，但可以应用计算机得到数值解。当然，计算数

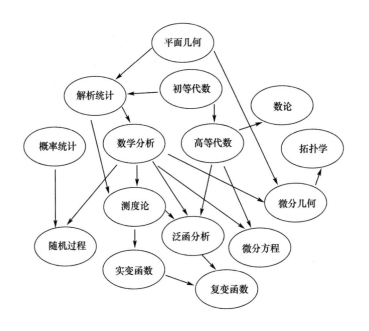

图 11　基础数学课程之间的递进关系

学也有许多理论要学习,如计算格式的稳定和收敛等。

▶▶重视数学技巧,更重视数学思想

　　在中学,数学给大家留下的印象就是做题、做题。进入大学就会发现大学的数学难度陡升,很多概念需要反复思考才能理解。这时固然也要做题,但这个比重大大下降,而自学的成分大大上升。

❖❖上 课

上课一般有讲义或教材,老师一般会指定一些参考书,上课时间老师并不仔细讲课程内容,而是理清课程脉络,指出思维路线。换句话说,你不仅要上课仔细听讲,还要课后花时间预习、复习,不懂的地方需要去反复读教材和参考书。否则就会不知所措,时间长了,总是不懂,潜意识就会萌发投降意识,从而形成思维障碍。

❖❖预习和复习

那么如何预习、复习呢？当然主要就是看书,辅以做题。你不能像看小说一样去读一本数学书。数学的语言非常精炼,特别是定义、定理,字字珠玑。多一字不行,少一字也不行。一般来说,一本经典的数学书需要读好几遍。第一遍看明白数学书表面上的文字,第二遍读懂这些文字的含义,第三遍参透这些文字背后的思想。在这个过程中当然要做题,因为只有做题才能找到直接的感觉,也会帮助你加深对概念的理解和对方法的掌握,但不要把做题本身看成是数学的目的。对书本上的结论更要反复质疑,不要认为印成铅字的东西一定正确,囫囵吞枣,照单全背,而是要经过肯定—否定—再肯定的过程。对整本书,要先理清楚这本书的脉络结构,数学书中最重要的概念一般是以定义的形式表示,而重要的结论是通过定理阐述。对于定义、定理要反复去想到底是什么意思,看懂书上的证明的同时也尝试其他的证明方法。如果实在看不懂也不要放弃,可以放一放,但记在心里,先往后看,也可以去找参考书参考别的表达方式,随时回来,说不定什么时候会忽然明白。有时对一门课的理解直到学习了后续课程后才能理解更深,视野才能更上一层楼。有时要花很长时间才能领悟数学思想,而这才是学习数学的真正境界。所以要一步一个脚印,急功近利要不得。

❖❖ 做　题

　　数学的课外作业是很多的,不做题是学不好数学的。需要注意的是要通过做题消化新课内容,加深对概念的理解,并学会举一反三,而不是只为做题而做题。

❖❖ 考　试

　　数学的考试大多数是闭卷考试,要求在规定时间里应用已学的数学知识解决数学问题,这类考试的答案有很强的精确性。也有的考试,如数学建模的考试是开放的,只要求在规定时间(一般较长,可达数天)内根据问题建立数学模型并得到一定的结果,这类考试的答案不是

如何学习数学?

唯一的,考卷多半以论文的形式提交,结果更重视建模过程。考试是重要的,准备考试的过程能够复习已学的知识,弥补空缺和弱项,提高解决问题的能力。

上课、做题和考试对大多数同学来说都很熟悉,这里就不再进一步详说了。学习数学的误区往往是只做题不思考,只背定义、定理而不深究。平时留下不懂的地方随它去,到了考试临时抱佛脚,考前猛背,考后立忘。

当在数学课程中遇到一些新的概念时,这些新的概念往往挑战旧的知识体系,一时会很难接受或不能理解,例如第一次碰上"无穷小",即使伟大的牛顿也一时说不清楚,而我们可以站在巨人的肩膀上,有了许多数学家的几百年的努力,已经把这件事搞清楚了,我们只要学习就可以了。所以多问,多看不同的书,多和同学讨论,多向老师请教就一定也可以搞清楚新的概念。

▶▶用数学武装自己

这一节主要针对非数学专业的学生。

进入大学的学生对自己的专业是有所了解的,很多专业表面上看和数学没什么关系,但不知道为什么入学后在必修课的一长串课程中,必修的数学课真不少,让那些对数学不"感冒"的学生不禁倒吸一口凉气,原以为进了大学就可以逃离数学,想不到数学还是如影相随,甩也甩不掉。那么对于非数学专业的学生,为什么要学习数学? 又如何学习数学?

❖❖掌握数学工具

非数学专业的学生学习数学当然主要是因为数学"有用",在自己专业中一定有大量的问题要用数学工具去解决。由于数学应用不可能一步到位,也不可能随叫随到,所以在大学期间一定要打好数学基础,才能在需要的时候应用自如。但学习数学绝不限于仅仅为了"有用",还要学会用数学的方式思考问题。

❖❖提高分析判断能力

几乎所有的专业都需要科学的管理方式、严格的分析推理,如破案、诊断、调查等工作,而这些工作都需要严谨、缜密的逻辑思维方式,而这样的思维方式正是通过学习数学而得。数学的素养还会提升你对问题的判断力、分析力和推断力。

❖❖提出工作中的数学问题

数学并不是数学工作者的专利。数学本身的发展要

如何学习数学?

靠大量实际中的数学问题，很多新的数学分支的发展正是起源于实际中的数学问题，例如历史上图论的诞生。当然很多这样的问题在数学处理上已经很成熟，只要能提出问题，数学工具就能用得上，从而顺利解决实际中的问题。而提出这些问题的主力军恰恰是做各种各样实际工作的非数学工作者。有能力在实际工作中提炼出新的数学问题就要求提问题者具备一定的数学素养，用俗话说就是对这些问题的数学属性敏锐、"有感觉"。而对这种数学素养的培养主要就来自大学的数学课程的学习。

❖❖❖ 用数学解决问题

提出问题后，当然是要解决问题。对于有些问题，实际工作者可以通过学过的数学知识加以解决，而有些问题可能超出了自己的数学能力范畴，但良好的数学基础可以帮你判断这些问题可不可以求教数学工作者，而且和数学工作者对话时会有共同语言，可以把问题描述清楚，从而得到数学工作者的助力。

在计算机时代的今天，计算机已经渗入到各行各业，尽管很多通用软件只要点击就可以使用，但仍然有大量的专业问题，通用软件不管用，需要你亲自写程序，良好的数学素养可以助力你使用计算机时得心应手。

▶▶研究数学与应用数学

这一节主要针对数学专业的学生。

进入大学后，大家一定会看着一堆奇怪的数学课程名词发呆，搞不清楚这些课都是什么。很多人的心理障碍是学这些乱七八糟、奇奇怪怪的东西有什么用？

如果说大学是培养国家后备人才的摇篮，那么数学专业就是国家培养未来数学人才的基地。然而事实是只有很少的一部分数学专业毕业生在毕业后进一步读研深造，还有一部分数学专业毕业生成为数学老师，大多数数学专业毕业生并不从事数学研究。那么这是为什么呢？事实上，数学研究的确很难，到了数学研究的前沿，不仅需要学习很多数学课程，掌握大量的数学知识，还需要一定的数学天分，而这样的数学人才的发现要求有一定的大众基础。就像国家科学水平的高低和大众科学普及水平的高低密切相关。那么大多数未从事数学研究的数学专业学生是不是学好数学就没用了呢？当然不是！数学专业的学习和训练使学生具备了极为良好的科学素质，使其极易转行到其他专业，并成为其他专业的行家里手。这也是为什么在招工时，招工单位非常心仪数学专业毕业生，因为他们是"好钢"，极易被打造成想要的人才。如

如何学习数学？

果在大学报考专业时还不特别清楚自己的志向,那么报考数学专业是个很好的选择。

数学专业大学毕业有几个学位,有什么区别吗?

❖❖❖数学学士

获得数学学士学位一般需要四年。完成了本科数学专业的学习,通过了所有要求的学士课程的考试,通过了大学毕业论文答辩,就可以向具有授予学士学位权限的机构申请学士学位。大学毕业论文即学士论文的要求是在导师指导下独立完成一篇数学论文,这篇论文具有一定的工作量,应用大学本科所学的数学知识,解决一个数学问题。学士论文要求应用大学学过的知识(不应用这些知识一般无法完成)做一道大习题。不论这道大习题别人做没做过,只要是你独立完成的,结果正确,并写出规范的论文就可以了。

进入大学,大学生从中学的基础普及知识的学习进入了专业知识的学习。然而这种专业学习多半还是学习较成熟的知识。所以毕业论文就是最后的也是最重要的一环:独立地应用这些知识,以自己的理解,用自己的观点,解决一个问题并写出一篇论文。这就好像弟子进山拜师,学了一身的武艺,满师出山前,独立完成一件师傅布置的实际任务,展现学艺成果,显示自己走出山门的能力。所以毕业论文就是大学生离开大学的"满师证明",也是走向社会的"出师宣言",其重要性不言而喻。

尽管在大学学习期间,学生们掌握了一定的理论知识,也或多或少地完成过作业、报告等项目元素,但毕业论文却是第一次完整地历经收集资料、选题、开题、安排计划、团队合作、攻克难关、写作成文、通过答辩的项目全过程。尽管这个项目迷你如麻雀,却五脏齐全。以后无论学生走向社会从事什么工作,都或多或少地要面对申请资金、发表论文、竞标投标或策划等任务,这些任务都或深或浅地要通过这样的过程。所以如果没有这个过程的磨验,学生最多算"半成品"。从某一个角度上来说,毕业论文是学生在校期间有老师指导来提高创新能力、提高解决问题能力的最后一次机会。当然,这个过程对学生来说应该不是闲庭信步,在这个过程中,学生需要有甚至是痛苦的历练,并由此取得质的飞跃。

❖❖ 数学硕士

获得数学硕士学位一般需要 2～3 年。完成了数学专业硕士学位的学习,通过了所有要求的硕士课程的考试,通过了硕士论文答辩,就可以向具有授予硕士学位权

如何学习数学?

限的机构申请硕士学位。硕士论文有开题、中期报告和答辩的程序过程。该论文是申请人在导师指导下完成的一篇数学论文，这篇论文有较大的工作量，应用基础和高级专业的数学知识，独立解决一个数学问题。硕士论文要求学生熟悉相关的课题，研究的问题有创新点，这个创新点或者是新的问题，或者是新的方法，或者是新的结果，并且完整地写出一篇规范的论文。在论文中，要清楚讲述问题的来龙去脉，概要介绍别人的工作，准确阐述你的贡献，详细描述解决问题的过程，并呈现解决的结果。

硕士还分为专业型硕士和学术型硕士。前者学制短些，一般两年，学位论文要求也比后者稍低，但更倾向于解决实际问题。专业型硕士的培养目标是为业界培养高级人才。而培养规格更高的学术型硕士有选拔高级研究人员的目的。学术型硕士多半参加导师的研究项目。

✢✢✢数学博士

获得数学博士学位一般需要 3～5 年。完成了数学专业博士学位的学习，通过了所有要求的博士课程的考试，通过了博士论文答辩，在高水平的杂志上发表了若干篇学术论文，就可以向具有授予博士学位权限的机构申请博士学位。博士论文有开题、中期报告和答辩的程序过程。该论文是申请人在导师指导下完成的一篇数学论文,这篇论文具有相当大的工作量,应用基础和高级专业的数学知识,独立解决一个或一系列数学问题。该问题要求有相当强的创新性,或者开创了一个新的领域,或者创造了一个新的方法并用该方法解决了一系列问题,或者有了一系列新的结果。也就是说博士论文要求开拓一个领域,你要熟悉该领域前沿和相关的工作,并可以在这个领域打上你的烙印。你的工作或者是首先探索的处女地,或者是在一块已开发的领地里发现了新的天地,或者是除去了一块成熟田地里一块很多人撼不动的顽石。这个领域可以是实际问题,也可以是理论问题,也可以是方法。还要求对这个领域形成一定的系统成果并写成规范的论文。

数学博士分为直博和硕士后博士,前者省去了硕士阶段,大学毕业后直接攻博,一般为五年,后者在取得了硕士学位后继续攻博,一般要三年。培养数学博士的主要目的就是为数学研究培养高级研究人员。

❖❖博士后

在我国全职研究数学的研究人员的位置并不多,大部分数学研究人员同时也是高校教师,因为高校很多专业都是教授和研究科技的前沿。取得博士学位后，直接进入高校一般比较困难。但有志于从事数学研究的小伙伴可以进入博士后工作站进行过渡。博士后工作站没有教学任务，但有科研要求，给潜在的未来科研工作者一个集中专心科研的时间，其间也可以申请科研项目。两年后出站需要提交出站报告。

学习过程有几个重要环节：上课、考试、论文和答辩。大家对前两个环节在中学期间就已经很熟悉，下面说说后面两个环节。

❖❖❖ 论　文

不同的学位层次的论文要求不同。攻读学位都会有导师指导，随着论文等级的提高，独立性会越来越强，学生一般参加导师的课题研究，解决大课题中的小问题。而协助学生完成论文的重要角色就是导师。指导论文不同于教书。教书是将成熟的知识，通过教师的理解传授给学生，着重于"教"和"授"。而指导论文应该是帮助学生自己完成一个小项目，乃着重于"帮"和"导"。所以指导教师要掌握如下"三要三不要"原则：要明确方向，要讨论交流，要严格把关；不要放任自流，不要越俎代庖，不要拔高刁难。学士论文的题目一般由导师指定。硕士论文的题目是在学生参加导师的讨论班后，由导师圈定范围，由学生和导师商量选定。博士论文则由导师给出方向，学生在大量阅读参考文献的基础上，和导师商量选定。选定题目主要考虑选题的意义、难度和可行性等。每个人完成论文的过程各不相同，但都要克服许多困难。但有一条，学生不要以为导师有答案，实际上导师只有对某一选题的感觉，学生可以和导师讨论，但不能指望导师解决问题。

科学论文是通过写出的文章将自己的研究成果叙述发表出来。所以论文的基本要求就是依据可靠、推论严谨、陈述平实、结论肯定。所有的假定是可接受的，所有的资料引用要有出处，所有的实验和计算结果可以重复，所有的推演严密正确，在此基础上得到的结论才是可靠的。

（1）数学论文撰写过程的技术环节

① 文献查询

目的是熟悉所研究问题的背景，学习相关的知识，了解别人在这个领域已经做出的工作。途径主要有：请教专家、图书馆查阅、网络搜寻。现在是一个信息爆炸和泛滥的时代，搜索者往往面对的是一个对大家开放的、良莠不齐的、杂乱无章的巨大仓库。怎样将这个仓库里的东西分门别类，去粗取精，去伪存真，找到自己所需要的资料，是科研必须具备的搜寻能力。而这种能力的高低直接影响论文的质量。科技前沿和著名的杂志的文章是有质量保证的。

②数据处理

我们常会与各种数据打交道，数据有两种：实际数据和模拟数据。模拟数据主要是由计算机模拟产生。相比采集实际数据，得到模拟数据成本小，效率高，但没有实际数据权威。模拟数据只有和实际数据接近时才有生命力。数据在科研中的主要用途有：从现存的大量实际数据中找出规律，挖出所含信息；估计模型的参数、用模拟和仿真数据与实际数据进行比较来对模型检验等。处理数据时可以使用相关软件，读者可以参考相关的文献。

③数学公式编辑

数学公式的书写通用软件一般有 TeX/LaTeX 系列和 MathType。

TeX 是图灵奖得主克努特（Knuth）在 20 世纪 70 年代为了探索出版工业的数字印刷设备的潜力，扭转排版质量下降的趋势所编写的排版系统引擎，用于文章和数学公式的排版。后来经过不断改进，Tex 成为一个优秀的排版软件，具有强大的输入、排版和修改功能，尤其适合数学论文的排版，是公认的数学公式排得最好的系统。许多数学期刊都只接受 TeX 稿件。很多一流的出版社都用 TeX 排版数学书。LaTeX 是基于 Tex 之上的一个宏包集，其他的宏包集还有 PlainTeX、AMSTeX 等。目前人们使用的大部分 TeX 系统都是 LaTeX 宏包。LaTeX 中每个数学符号都有语句定义，其文本可以连贯输入。文档编辑完成后，再经过软件运行便得到带数学公式的文章版本。相对于 TeX，MathType 是一个所见即所得的数学公式编辑器，其功能比 Word 办公软件自带的公式编辑器大得多，所以可在微软的 Word 办公软件上应用来排版数学公式，比较容易使用，但输入不连贯，也不容易写出规范整齐的数学公式。初学者往往不能把数学公式和正文协调好。

④ 绘　图

我们这里讲的绘图，不是指普通意义下拿着画笔画画，而是指论文插图。这里主要有两层含义。一是指普通的示意图，二是指将数据和计算结果用直观的形式呈现给读者。因为图片传达的信息比文字传达的信息更直观，所以善用图片非常有利于说服读者接受论文的观点，也大大加强了文章的可读性。对于第二种含义下的绘图,许多数学软件都有这样的功能。其中,Matlab 的绘图功能是十分强大的。这也是 Matlab 这款软件的优点之一。它的基本用法是将所要绘画的数据写成两个同维向量 x 和 y,然后使用命令 $\text{plot}(x, y)$。还有很多参数如坐标、颜色、形式、方向、文字说明等来调节绘图结果。三维的绘图就更复杂些。提高绘图能力,为你的论文画几张直观的图片,会使你的论文大大增色。对于第一种普通含义下的绘图,有大量的绘图软件可以选择,读者可以使用 Windows 附件自带的画图软件,画完后用通用的格式如 jpg 插入文档。对于示意图的描绘,要注意的是,简洁清楚能达到目的就行,不要搞得花里胡哨,那样反而有副作用。

⑤ 制　表

使用表格的目的是罗列收集的数据、显示计算结果。这是计算结果的另一种表述,相比于图像结果表述,优点是应用方便,缺点是感觉不直接。几乎所有的编辑工具都具有制表的功能,应用较为广泛的是微软的 Excel 办公软件。读者可以选择自己习惯使用的软件,但要注意的是,应该尽量使用通用软件。对于不大通用的软件,制表后要用图形形式将表格插入文档,以防提交的文档在别人的电脑里不能正确地显示。

(2)一篇数学论文的格式

①题　目

一个好的题目起到的是画龙点睛的作用。题目不要太长,但要让人能一眼就明白文章所研究的主题。

②摘　要

摘要是全文的精华。这部分是所有科学论文都要求的。记住摘要三要素,即在摘要中,写作者要告诉读者:

- 文章讨论的是什么问题。

- 文章使用的是什么方法。

- 文章得到了什么结果。

在摘要中,语言要简洁,直达主体,不要写任何废话。但要强调文章最精彩的部分,或者是创新的立意,或者是巧妙的方法,或者是更好的结果。这样才能吸引读者愿意花更多的时间去阅读正文。

另外,一般在摘要里不要出现公式、插图、表格等。

③引　言

这是文章的开始部分,也是引进所要研究的对象的铺垫。写作者在此描述所研究的问题,阐明研究这个问题的意义。有必要的话,简单说明相关的知识,以帮助读者理解并尽快进入全文。写作者还应该在这里向读者介绍目前这个问题的研究现状,介绍已有的工作,并对这些工作做出一定的评价。这一段阐述是必要的,它显示了写作者对该领域的了解程度并且为让读者了解写作者的工作在该领域中的地位做准备。接着表述研究这个问题的困难之处,最后引出写作者在该文章中解决的问题、使用的方法和得到的结果。在这部分内容中,前面的铺垫要充分,但关于结果点到即可,让读者对文章的概况有了明晰的图像,明白文章研究什么问题,有什么结果即可。有时候还应该卖一点"关子"刺激读者继续念下去的欲望。

④ **主　体**

写出要解决的问题、解决的方法以及研究的结果。如果是学位论文,由于没有篇幅要求,可以写得详细些,但要分清是别人的工作还是自己的贡献。如果是在杂志发表的论文,由于篇幅限制,对别人的工作直接引用,要强调写作者的贡献。

如果可以,结果最好能用图表表示。如前所说,图表所传达的信息远比文字来得多,来得直接。图表也容易吸引读者的注意，并给予读者对文章结果的直观感受。

⑤结　论

这是全文的总结。用结论性的语言对全文的结果做一概述。这一部分和摘要的结构和功能有相似之处，都是对全文的概要。不同的是，摘要是"餐前开胃点心"，写给未读文章的人看。结论是"餐后甜点"，写给读过文章的人看。前者的侧重点偏于介绍，而后者的侧重点在于强调。

⑥参考文献

列出文章中涉及的所有引用的结果。这些结果可以是已发表的文章、已出版的图书、正规网络上的文章等。这是对别人工作的尊重，也说明你工作的基础。参考文献有固定的格式，但不同的杂志可能有不同的要求。读者可以参考本书所列的参考文献的格式来书写自己的参考文献。尽管有不同的格式，目的却只有一个：让读者可以方便地找到这些文献和资料。

⑦附　录

这里可以收录论文中收集的数据、所应用的程序。这些资料往往体积庞大，放在正文中会干扰主要思路，放在附录中可以给有兴趣的读者进一步学习、验证你的结果的机会。有时一些复杂的数学推导也放在附录中。

完成所有论文、做创新性的工作，有一点是有共性的，这就是科学训练基础＋克服困难＋灵感。灵感虽然具有很大的随机性，但却是前面两件事的结果。下面就来谈谈灵感。

灵感来无影，去无踪，诡异无比，却是创造性思维的源泉。所有人都在追求，却似乎可遇不可求。古今中外很多智者都有精辟的论述，这里我们只谈王国维的三种境界。王国维在《人间词话》写道：古今之成大事业、大学问者，必经过三种之境界：

第一境界：昨夜西风凋碧树，独上高楼，望尽天涯路。

—— 宋·晏殊《蝶恋花》

第二境界：衣带渐宽终不悔，为伊消得人憔悴。

—— 宋 ·柳永《凤栖梧》

第三境界：众里寻他千百度，蓦然回首，那人却在灯火阑珊处。

—— 宋·辛弃疾《青玉案·元夕》

上述用三句宋词所描述的三种境界谈的是如何成

功,而我们也可以移植过来谈灵感是怎么来的。

第一境界,就是文科思维。灵感只尊重那些高瞻远瞩、融会贯通的人。

第二境界,可谓理科思维。灵感只眷顾那些刻苦勤奋、孜孜钻研的人。

第三境界,灵感有很大的随机性,会在你的追求路上不经意地出现。触点可以是任何东西,蓦然一词了得!

有个笑话说一个人连吃 6 块饼都不饱,在吃第 7 块饼时第一口就饱了,然后嗔怪仆人,干吗不一开始就把第 7 块饼给我?前面 6 块饼都浪费了,没用。研究也是这样,失败是成功之母,由 n 次探索失败铺垫而出的成功,前面的失败都有意义并且是不能绕过的。什么东西砸到牛顿头上不重要,但由人们司空见惯的掉落想到万有引力才是实质。你不能因为你在灯火阑珊处没有看到"她"就认为别人也看不到"她"。灵感就是这种在反复失败中,从不可思议的缝隙里闪出的光芒。

如果你可以参透广袤,你可以细致入微,你可以激活想象,你可以坚持不懈,你就可以获得灵感。事实上,找到灵感,小到完成一篇论文,大到任何重大的科学发现与发明,都是经过上述三境界的。

取得学位的一个重要环节就是答辩：大学毕业论文答辩、硕士论文答辩、博士论文答辩。下面就谈谈如何答辩。

答辩的前提是论文已经写得足够好。接下来的答辩是一个重要时刻。你要在这个时刻展示你辛苦工作的成果，并希望得到肯定。你面前的答辩攻方是由精心培养你的老师、请来的专家以及旁听的同学组成。他们在接下来的答辩时间里是你的"敌人"。你很紧张，这很正常。对了，我们现在就把答辩看作是一场和答辩攻方的博弈。既然是博弈，我们就要设法让这场博弈达到最佳的状态，即双赢的结局。

第一步，不打无准备之仗，准备答辩。演讲的时间一般是事先确定的，因此在演讲前可以进行充分准备。准备应从下面几方面进行：准备展示稿、预讲、列出考虑到的听众可能提的问题并想好如何回答。展示稿除了用传统的黑板粉笔板书，还通用电子媒体的幻灯片。使用幻灯片，可以将一些数学公式和图表事先写好，这样可以大大节省演讲时间。准备的分量大约一分钟一张幻灯片。由于幻灯片闪过很快，听众很少有时间深思幻灯片的内容，所以幻灯片应该简明、清晰，每张幻灯片只列几行精简的句子，字尽量少。其内容应突出建模思想、解题方法和运算结果。图可以传达更多的信息,吸引听众的注意力,而太多的细节可能扰乱主题。也就是说,应该多使用直观而醒目的图、画和照片,并忽略繁琐的计算细节。除非必须,一般应慎用动画和录像。不要选择太花哨的色彩和太闪烁的动画,因为那会给人形成不实在的印象,或者容易造成听众的视觉疲劳,从而影响听众对你的信任。

然后就是预演。演讲的时间要精确掌握,超时会引起听众潜在的不快,间接地使演讲效果打了折扣。语言要精练、清晰、准确,没有废话。

第二步,分析答辩攻方。我们来重温一下《孙子兵法》中最著名的一条规则,叫"知己知彼,百战不殆",所以我们必须从博弈双方来分析辩场形势。

组成攻方的老师各个神情凝重,"心怀叵测"。他们或者翻着你的论文,或者拿着笔写写画画。他们想干什么?哦,他们要在你的答辩书上签字,承认你的工作!是的,他们要确认他们的签字是有效的、负责的。他们当中有人看过了你的论文,有人没有看过。所以前者会在你的答辩中搞清楚他们疑惑的事情。后者则想了解你到底做了一个什么东西,然后凭自己的专业素养做出判断。那么他们想知道什么事?会疑惑什么事呢?他们花时间

如何学习数学?

坐在下面也想要有收获呀！那么，我们就进一步分析这些人的情况。

首先是导师。不用担心，他比你紧张。不错，他身在曹营心在汉，是你的同党。在关键时刻他会帮你。但是最好不要指望他，因为这是答辩你的论文，不是他的。如果导师无奈地替你回答问题，那么这场答辩就失败了。即便最后答辩勉强通过，你也胜之不武。剩下的老师分成两部分，本校的和外校的。本校的老师很可能给你上过课，他们可能对你熟悉，运气好的话，他们对你已有了好印象。但你应该对他们更熟悉。你熟悉他们的专业、他们的优势。要知道老师一般不会在自己的弱项上自暴其短的，所以他的问题多半会围绕他的研究强项展开。这样你的论文中关于这些老师研究特长的部分要好好搞透，显示你是这些老师的好学生。那么外校的老师呢？他们多半可能是下面几种情况：或者是德高望重的学者，或者是你的导师的同窗好友。所以对外校的老师的专业来历，事先要有个调查，做到心中有数。对于德高望重的学者，他们做事认真，珍惜自己的名声，绝不姑息错误。如果你的答辩请到这样的人，其实是你的幸运。因为如果他们一旦首肯你的论文，分量将会很大。对你今后的发展极有好处，而且他们的意见一般也很有价值。在他们面前你要表现为谦虚但不怯弱。但是这些人一般学术水平很高，有很强的洞察力，你现在离他们的水平还差得较远，还需要学习。这些人不会奢望你是超人，或者苛求你有和他们一样的学术水平，但是他们期望你达到相应的学位水平。他们的问题一般很尖锐，很有可能这些问题你没有考虑到。你只有尽己所知，诚恳回答，知是知，不知是不知。不要耍小聪明，不然适得其反。当然，看过你的论文的人和没看过你的论文的人所提的问题会有所不同。前者多半会围绕你的某些技术问题，后者多半会问你参考文献的情况、论题的意义、论文的结果等来判定你的论文的好坏。记住，老师或许会容忍你的某些知识缺陷，却不能容忍你的不认真。或许能容忍你考虑得不全面，却不能容忍你的论文的错误。

第三步，分析你自己的情况。这可以分成优中劣三种状态，分别对应上中下三策。

状态为优者，祝贺你，一般你通过答辩没有问题，但你要争取或确保答辩委员会对你"优"的评价。在这种状态下，你对你研究的论题胸有成竹、了如指掌，你的结果漂亮，确定无误，你就是这个问题的专家，没有人会比你对这个论题更熟悉。在这种情况下，你可以运筹帷幄，完全掌握答辩的主动性。你要让参与论文答辩的老师理解

如何学习数学？

什么是数学？

你的工作的意义，承认你的贡献，赞同你的思想，欣赏你的技巧。也就是让他们享受你的演讲。如果你的学术能力足够高，你还可以引导老师提问题。这些都可以借鉴讲课的技巧。但你要注意的是他们毕竟是你的老师，你不可以卖弄，你也不可以轻慢。

然后，什么是中状态呢？我想这是大多数同学的状态，也就是你了解并且熟悉你的论题，但并不能掌握这个论题相关的所有方方面面。这些方方面面，你有强有弱。所以你需要迂回躲闪、扬长避短。一般情况下你可以通过答辩，得到"优"也不是不可能。你答辩前要准备充分，对答辩老师和你自己的强弱面进行分析，然后制订一个计划、多个预案。下面几种转守为攻和化险为夷的战术可以考虑采用：

• 声东击西。在陈述部分，在你对论文得意的部分大笔泼墨，在容易露怯的地方一带而过。你甚至可以在你强势的地方故意卖个破绽，引导老师在你有把握的地段打遭遇战，这样他们无暇顾及其他区域。此法前提是遭遇战地域了然于胸，此法缺点是不当会弄巧成拙。

• 围魏救赵。老师问到的问题你不清楚或忘了，你就飞快地想，这个问题在哪本书上、谁的文章上有过叙述,然后说出这些参考文献,最好精确到页数。此法前提是参考文献极为熟悉,此法缺点是碰到追根寻底的老师时失效。

·借力打力。对老师问到的内容不熟悉,但恰好与某位答辩老师的某项工作有关,说出这项工作,并予以评价,然后把问题转向这位老师的工作。一般追问就会到此为止了。此法前提是对参加答辩的老师非常了解,此法缺点是评价老师工作的分寸不易拿捏。但不管身处何种险境,保持冷静沉着,气定神闲,不要胡搅蛮缠,也不要乱找理由。

最后,什么是下状态呢?那就是你的演讲能力或其他方面有一个重大弱点,如不善辞令,或反应很慢,或对计算机程序不熟悉,或外语很差,或论文的某一地方你还没有很确定的把握。你需要比别人更下苦功,以勤补拙,并用其他方面弥补。例如不善辞令,就把幻灯片做得更好。你也可以在答辩时先承认这个弱点,表示正在努力克服,然后强调自己别的方面的优点,如肯吃苦等。将老师的期望值降下来,并博得好感,顺便讨点情感分。最主要的你要立足于你的工作,把它讲清楚。

第四步,上战场应对答辩,沉着演讲,回答问题随机应变,要直接,不要环顾左右而言他。实力坚实,信息准确,准备充分,信心十足,你一定能打胜你的论文保卫战,并让答辩委员们学到东西,让他们没有觉得是在浪费时间,还度过了一段美好时光,以取得博弈的双赢。

▶▶大学数学基础课程简介

进入大学后,绝大多数专业都要求必修数学课程,具体的课程和内容会因专业不同、学校不同而不同,下面只列出大致的基础课程。至于数学专业的研究生,需根据导师和研究方向的要求选修课程,数学的更细的分支参见附录。

➡➡数学专业

❖❖数学分析(Mathematical Analysis)

以经典微积分为主体内容的数学分析是综合性大学数学系本科生的一门重要基础课。数学分析的定义见本书 P3。数学分析使用精密的数学语言来描述极限的定义,并在此基础上定义微分和积分及其运算,以此成为逻辑严密的数学基础学科。作为数学专业的基础课程,要求学生掌握用微积分的方法去分析问题、解决问题。这门课也是以后许多课程的先修课程。它是几乎所有数学专业的后继课程如微分方程、微分几何、复变函数、实变函数、泛函分析、概率论以及相关课程如普通物理、理论力学等不可缺少的基础,是数学专业各方向课程体系中的主干。

课程目标是使学生掌握实数与极限理论,微积分学的基本概念、基本理论和基本方法,以及反常积分、含参变量积分与级数理论,培养学生抽象思维和逻辑推理的能力,使学生获得运用所学理论和知识分析问题和解决问题的能力。

课程内容一般有:实数集与函数、数列极限、函数极限、函数的连续性、函数的导数与微分、微分中值定理、实数理论基本定理、不定积分、定积分、定积分的应用、反常积分、数项级数、函数项级数、幂级数、傅里叶级数、多元函数的极限与连续性、多元函数微分学、隐函数定理及其应用、含参变量积分、曲线积分、重积分、曲面积分。

✧✧ 高等代数(Advanced Algebra)

高等代数是中学学过的初等代数的发展,一般包括线性代数和多项式代数两部分。这门课也是重要的专业基础课。

课程目标是使学生掌握多项式理论、矩阵的代数运算、方阵的行列式运算、向量组线性组合、线性相关、线性无关等概念，能计算向量组的极大无关组、向量组和矩阵的秩，以及线性方程组解的结构，能解线性方程组。

课程内容一般有：多项式理论、矩阵及其运算、行列式、向量组和矩阵的秩、线性空间、线性变换、Jordan 标准形、内积空间、双线性函数和二次型。

❖❖❖概率论与数理统计（Probability and Statistics）

概率论与数理统计是研究随机现象客观规律并付诸应用的数学类学科。通过本课程的教学，使学生掌握概率论与数理统计的基本概念和基本理论，掌握处理随机现象的基本思想和方法，培养解决实际问题的能力。有的学校也分为概率论和统计学两门课。

课程目标是要求学生熟练掌握随机事件概率的常用计算方法、随机变量的分布及其计算、离散和连续型随机变量及其分布律的概念、常用数字特征及其计算，以及大数定律、中心极限定理等重要定理，并能够解决一些应用问题。理解和掌握数理统计的基本概念，熟悉常用的统计量和抽样分布，熟悉并掌握常用的参数点估计和置信区间的求解，掌握假设检验的概念和常用参数检验方法。

课程的概率论内容一般有：随机事件和概率的基本概念和性质、相互关系和运算；概率的公理化定义及其性质、古典概率、二项概率、全概率公式以及贝叶斯公式；离散型和连续型两大类随机变量的基本概念、分布函数、概率函数、概率密度函数以及随机变量函数的分布；一维随机变量常见分布类型，包括 0-1 分布、二项分布、泊松分布、正态分布、均匀分布、指数分布等以及它们各自的性质；随机变量的数字特征，包括数学期望、方差和标准差、协方差、相关系数以及它们的主要性质；随机变量序列的极限，包括独立同分布情形下的大数定律和中心极限定理。

课程的数理统计内容一般有：统计量及其性质、常用三大分布及性质、常见抽样分布、参数估计和检验、未知参数点估计的矩估计法和极大似然估计法、未知参数的置信区间估计方法、未知参数的假设检验等基本思想和方法。随机事件与概率、随机变量及其常用分布、多维随机变量及其分布、随机变量的数字特征、大数定律和中心极限定理、依概率收敛、参数点估计、置信区间的求解、假设检验、常用参数检验方法。

数学专业高年级的数学课程还有泛函分析、实变函数、数值计算、复变函数、常微分方程、偏微分方程、随机过程、微分几何、拓扑学；应用数学课程包括数理方程、运筹学、图论、数学建模等。

➡➡ **理工科专业**

✤✤ **高等数学（Advanced Mathematics）**

理工科专业的高等数学是非数学专业理工科本科各专业学生的一门必修的重要基础理论课，主要部分是微积分，但侧重微积分的应用性和计算方法，要求学生掌握用微积分的方法去解决实际问题。根据专业的不同，高等数学还包括部分数值计算、复变函数、离散数学和常微分方程的内容。

课程目标是使学生掌握函数与极限、一元微积分和常微分方程的基本理论和计算方法及其一些简单应用。

课程内容一般有：函数与极限、一元函数微分学、一元函数积分学、常微分方程等方面的基本概念、理论和运算技能。

✤✤ **线性代数（Linear Algebra）**

为理工科专业设计的线性代数是应用数学重要的理论基础，它在现代工程科学、社会科学研究及应用中有非常广泛的应用，是理工科学生的一门必修课。通过本课程的学习，使学生掌握线性代数的基本知识和基本理论，培养学生用线性代数的方法分析问题和解决问题的能力,并为以后相关课程的学习和今后的生产、科学实践打好必需的数学基础。

课程目标是使学生掌握线性代数的基本概念、基本知识和基本理论,使之能用线性代数的知识去分析、解决相关专业课程以及实际问题中涉及的代数问题,如矩阵运算、方程求解、二次型化标准形等。

课程内容一般有:行列式、矩阵及其运算、线性方程组的求解、向量组的线性相关性、相似矩阵及二次型、线性空间与线性变换。

❖❖概率论与数理统计(Probability and Statistics)

概率论与数理统计是工科本科各专业的一门重要基础理论课。相比数学专业,非数学专业的理工科专业,该门课除了不确定性的理论,更侧重处理随机现象的数据处理和统计方法及其在实际中的应用。

理工科专业的学生还要根据专业要求学习如复变函数、数值计算、数理方程、数学建模等课程。

➡➡文科专业

部分文科专业也要求必修或选修高等数学这门课,内容主要是微积分。但无论是内容还是深度都比理工科专业的课程要少、要浅。主要要求学生了解微积分的思想、基本计算方法和简单应用。

课程目标是使学生了解最基本的高等数学思想和微积分的发展史，了解高等数学的一些基本概念和基本运算技能，具有一定的逻辑推理、判断、演绎和计算的能力，了解用高等数学思想处理一些简单的应用问题的方法。

课程内容一般有：函数、极限、连续性、导数、导数的应用、不定积分、定积分以及专业所要求的更多高等数学内容。

附　录

约公元前 3000 年　埃及使用象形数字。

公元前 2400—公元前 1600 年　早期巴比伦泥版楔形文字,采用 60 进位值制记数法。已知勾股定理。

公元前 1850—公元前 1650 年　埃及纸草书(莫斯科纸草书与莱因德纸草书),使用十进位值制记数法。

公元前 1400—公元前 1100 年　中国殷墟甲骨文已有十进制记数法。中国周朝商高已知勾股定理的特例:勾三、股四、弦五。

约公元前 600 年　希腊泰勒斯开始了几何命题的证明。

约公元前 540 年　希腊毕达哥拉斯学派发现勾股定理,并发现了不可通约量。

约公元前 500 年　印度《绳法经》中给出 $\sqrt{2}$ 相当精确的值,并知勾股定理。

约公元前 460 年　希腊智人学派提出几何作图三大问题:化圆为方、三等分角和倍立方体。

约公元前 450 年　希腊埃利亚学派的芝诺提出悖论。

约公元前 430 年　希腊安提丰提出穷竭法。

约公元前 380 年　希腊柏拉图在雅典创办"学园",主张通过几何的学习培养逻辑思维能力。

约公元前 370 年　希腊欧多克索斯创立比例论。

约公元前 335 年　希腊欧多莫斯著《几何学史》。中国筹算记数,采用十进位值制。

约公元前 300 年　希腊欧几里得著《几何原本》,是用公理法建立演绎数学体系的最早典范。中国庄子在《天下篇》提出分割木棰问题,蕴含极限思想。

公元前 287—公元前 212 年　希腊阿基米德确定了

大量复杂几何图形的面积与体积；给出圆周率的上下界；提出用力学方法推测问题答案，隐含近代积分论思想。

约公元前 230 年　希腊埃拉托塞尼发明"筛法"。

约公元前 225 年　希腊阿波罗尼奥斯著《圆锥曲线论》。

约公元前 150 年　中国现存最早的数学著作《算数书》成书(于 1983—1984 年在湖北荆州出土)。

公元前 100 年　中国《周髀算经》成书，记述了勾股定理。中国古代最重要的数学著作《九章算术》经历代增补修订基本定形，其中正负数运算法则、分数四则运算、线性方程组解法、比例计算与线性插值法、盈不足术等都是世界数学史上的重要贡献。

约 62 年　希腊海伦给出用三角形边长表示面积的公式(海伦公式)。

约 150 年　希腊托勒密著《天文学大成》，发展了三角学。

约 250 年　希腊丢番图著《算术》，处理了大量不定方程问题，并引入一系列缩写符号。

约 263 年　中国刘徽注解《九章算术》，创割圆术，计算圆周率,证明圆面积公式,推导四面体及四棱锥体积等,包含极限思想。

约 300 年　中国《孙子算经》成书,系统记述了筹算记数制,卷中"物不知数"问题是孙子剩余定理的起源。

320 年　希腊帕普斯著《数学汇编》,总结古希腊各家的研究成果,并记述了"帕普斯定理"和旋转体体积计算法。

462 年　中国祖冲之算出圆周率在 3.141 592 6 与 3.141 592 7 之间,并以 22/7 为约率,355/113 为密率(现称祖率)。祖冲之和他的儿子祖暅提出"幂势既同则积不容异"的原理,现称祖暅原理,相当于西方的卡瓦列里原理(1635)。

600 年　中国刘焯首创等间距二次内插公式,后发展出不等间距二次内插法(僧一行,724)和三次内插法(郭守敬,1280)。

约 625 年　中国王孝通著《缉古算经》,是最早提出数字三次方程数值解法的著作。

656 年　中国李淳风等注释十部算经,后通称《算经十书》。

820 年　阿拉伯花拉子米著《代数学》,以二次方程求解为主要内容,12 世纪该书被译成拉丁文传入欧洲。

约 1050 年　中国贾宪提出二项式展开系数表(现称贾宪三角)和增乘开方法。

1150 年　印度婆什迦罗第二著《婆什迦罗文集》,为中世纪印度数学的代表作,其中给出二元不定方程 $x^2 = 1 + py^2$ 若干特解,对负数有所认识,并使用了无理数。

1202 年　意大利斐波那契著《算盘书》,系统介绍了印度-阿拉伯数码及整数、分数的各种算法。

1247 年　中国秦九韶著《数书九章》,创立解一次同余式的大衍求一术和求高次方程数值解的正负开方术,后者相当于西方的霍纳法(1819)。

1248 年　中国李冶著《测圆海镜》,是中国现存第一本系统论述天元术的著作。

约 1250 年　阿拉伯纳西尔丁开始使三角学脱离天文学而独立。

1303 年　中国朱世杰著《四元玉鉴》,将天元术推广为四元术,研究高阶等差数列求和问题。

1325 年　英国布雷德沃丁将正切、余切引入三角计算。

14 世纪　珠算在中国普及。

约 1360 年　法国奥尔斯姆撰《比例算法》,引入分数指数概念,又在《论图线》等著作中研究变化与变化率,创图线原理,即用经、纬度(相当于横、纵坐标)表示点的位置并进而讨论函数图像。

1489 年　捷克维德曼最早使用符号"＋"、"－"表示加、减运算。

1545 年　意大利卡尔达诺的《大术》出版,载述了费罗(1515)、塔尔塔利亚(1535)的三次方程解法和费拉里(1544)的四次方程解法。

1572 年　意大利邦贝利的《代数学》出版,指出对于三次方程的不可约情形,通过虚数运算必可得三个实根,给出初步的虚数理论。

1585 年　荷兰斯蒂文创设十进分数(小数)的记法。

1591 年　法国韦达著《分析术引论》,引入大量代数符号,改良三次、四次方程解法,指出根与系数的关系,为符号代数学奠定基础。

1592 年　中国程大位写成《直指算法统宗》,详述算盘的用法,载有大量运算口诀,该书明末传入日本、朝鲜。

1606 年　中国徐光启和意大利利玛窦合作将欧几里得《几何原本》前六卷译为中文。

1614 年　英国纳皮尔创立对数理论。

1615 年　德国开普勒著《测量酒桶的新立体几何》,有求酒桶体积的方法,是阿基米德求积方法向近代积分法的过渡。

1629 年　荷兰吉拉尔最早提出代数基本定理。法国费马已得解析几何学要旨,并掌握求极大极小值方法。

1635 年　意大利卡瓦列里建立"不可分量原理"。

1637 年　法国笛卡儿的《几何学》出版,创立解析几何学。法国费马提出"费马猜想"。

1639 年　法国德扎格著《试图处理圆锥与平面相交情况初稿》,为射影几何先驱。

1640 年　法国帕斯卡发表《圆锥曲线论》。

1642 年　法国帕斯卡发明制作了加减法机械计算机。

1655 年　英国沃利斯著《无穷算术》,导入无穷级数与无穷乘积,首创无穷大符号∞。

1657 年 荷兰惠更斯著《论赌博中的计算》,引入数学期望概念,是概率论的早期著作。在此之前,帕斯卡、费马等已由处理赌博问题而开始考虑概率理论。

1665 年 英国牛顿的一份手稿中已有流数术的记载,这是最早的微积分学文献。其后他在《无穷多项方程的分析》(1669 年撰,1711 年发表)、《流数术方法与无穷级数》(1671 年撰,1736 年发表)等著作中进一步发展流数术并建立微积分基本定理。

1666 年 德国莱布尼茨写成《论组合的技术》,孕育了数理逻辑思想。

1670 年 英国巴罗著《几何学讲义》,引进"微分三角形"概念。

约 1680 年 日本关孝和始创和算,引入行列式概念,开创"圆理"研究。

1684 年 德国莱布尼茨在《学艺》上发表首篇微分学论文《一种求极大极小与切线的新方法》,后又发表首篇积分学论文,创用积分符号。

1687 年 英国牛顿的《自然哲学的数学原理》出版,

首次以几何形式发表其流数术。

1707 年　英国牛顿出版《广义算术》，阐述了代数方程理论。

1713 年　瑞士伯努利的《猜度术》出版，书中载有伯努利大数定律。

1715 年　英国泰勒出版《正的和反的增量方法》，书中载有他 1712 年发现的把函数展开成级数的泰勒公式。

1730 年　苏格兰斯特林发表《微分法，或关于无穷级数的简述》，其中给出了 $N!$ 的斯特林公式。

1731 年　法国克莱罗著《关于双重曲率曲线的研究》，开创了空间曲线的理论。

1736 年　瑞士欧拉解决了哥尼斯堡七桥问题。

1742 年　英国马克劳林出版《流数通论》，试图用严谨的方法来建立流数学说，其中给出了马克劳林展开式。

1744 年　瑞士欧拉发表《寻求具有某种极大或极小性质的曲线的技巧》，标志着变分法作为一个新的数学分支的诞生。

1747 年　法国达朗贝尔发表《弦振动研究》，导出了弦振动方程，成为偏微分方程研究的开端。

1748 年　瑞士欧拉出版《无穷小分析引论》，与后来发表的《微分学》(1755)和《积分学》(1770)一起，以函数概念为基础综合处理微积分理论，给出了大量重要结果，标志微积分发展新阶段。

1750 年　瑞士克莱姆给出解线性方程组的克莱姆法则。瑞士欧拉发表多面体公式：$V-E+F=2$。

1777 年　法国布丰提出"投针问题"，是几何概率论的雏形。

1788 年　法国拉格朗日的《分析力学》出版，使力学分析化，并总结了变分法的成果。

1794 年　法国勒让德的《几何学基础》出版，是当时标准的几何教科书。

1795 年　法国蒙日发表《关于把分析应用于几何的活页论文》，成为微分几何学的先驱。

1797 年　法国拉格朗日著《解析函数论》，主张以函数的幂级数展开为基础建立微积分理论。挪威韦塞尔最早给出复数的几何表示。

1799 年　法国蒙日出版《画法几何学》，使画法几何成为几何学的一个专门分支。德国高斯给出代数基本定理的第一个证明。

1799—1825 年　法国拉普拉斯的 5 卷巨著《天体力学》出版,其中包含了许多重要的数学贡献,如拉普拉斯方程、位势函数等。

1801 年　德国高斯的《算术研究》出版,开始了近代数论的研究。

1802 年　法国蒙蒂克拉与拉朗德合撰的《数学史》共4 卷全部出版,成为最早的较系统的数学史著作。

1807 年　法国傅里叶在热传导研究中提出任意函数的三角级数表示法(傅里叶级数),他的思想总结在 1822年发表的《热的解析理论》中。

1810 年　法国热尔岗创办《纯粹与应用数学年刊》,这是最早的专门数学期刊。

1812 年　法国拉普拉斯著《概率的解析理论》,提出概率的古典定义,将分析工具引入概率论。

1814 年　法国柯西宣读复变函数论第一篇重要论文《关于定积分理论的报告》(1827 年正式发表),开创了复变函数论的研究。

1817 年　捷克波尔查诺著《纯粹分析的证明》,首次给出连续性、导数的恰当定义，提出一般级数收敛性的判别准则。

1818年　法国泊松导出波动方程解的"泊松公式"。

1821年　法国柯西出版《代数分析教程》，引进不一定具有解析表达式的函数概念；独立于波尔查诺提出极限、连续、导数等定义和级数收敛判别准则，是分析严密化运动中首部影响深远的著作。

1822年　法国彭赛列著《论图形的射影性质》，奠定射影几何基础。

1826年　挪威阿贝尔著《关于很广一类超越函数的一个一般性质》，开创了椭圆函数论研究。法国热尔岗与彭赛列各自建立对偶原理。

1827年　德国高斯著《关于曲面的一般研究》，开创曲面内蕴几何学。德国麦比乌斯著《重心的计算》，引进齐次坐标，与普吕克等开辟了射影几何的代数方向。

1828年　英国格林著《数学分析在电磁理论中的应用》，发展了位势理论。

1829年　德国雅可比著《椭圆函数论新基础》，是椭圆函数理论的奠基性著作。俄国罗巴切夫斯基发表最早的非欧几何论著《论几何基础》。

1829—1832 年　法国伽罗瓦彻底解决了代数方程根式可解性问题,确立了群论的基本概念。

1830 年　英国皮科克著《代数通论》,首创以演绎方式建立代数学,为代数中更抽象的思想铺平了道路。

1832 年　匈牙利波尔约发表《绝对空间的科学》,独立于罗巴切夫斯基提出了非欧几何思想。

1837 年　德国狄利克雷提出现今通用的函数定义(变量之间的对应关系)。

1840 年　法国柯西证明了微分方程初值问题解的存在性。

1841—1856 年　德国魏尔斯特拉斯着手关于分析严密化的工作,给出极限的 $\varepsilon\text{-}\delta$ 说法和级数一致收敛性的概念,同时在幂级数基础上建立复变函数论。

1843 年　英国哈密尔顿发现四元数。

1844 年　德国库默尔创立理想数的概念。德国格拉斯曼出版《线性扩张论》。建立 N 个分量的超复数系,提出了一般的 N 维几何的概念。

1849—1854 年　英国凯莱提出抽象群概念。

1851 年　德国黎曼著《单复变函数的一般理论基础》,给出单值解析函数的黎曼定义,创立黎曼面的概念,奠定复变函数论的基础。

1854 年　德国黎曼著《关于几何基础的假设》,创立 N 维流形的黎曼几何学。英国布尔出版《思维规律的研究》,建立逻辑代数(即布尔代数)。

1855 年　英国凯莱引进矩阵的基本概念与运算。

1858 年　德国黎曼给出 ζ 函数的积分表示与它满足的函数方程,提出黎曼猜想。德国麦比乌斯发现单侧曲面(麦比乌斯带)。

1859 年　中国李善兰与英国伟烈亚力合译的《代数学》《代微积拾级》以及《几何原本》后 9 卷中文本出版,这是翻译西方近代数学著作的开始。中国李善兰建立了著名的组合恒等式(李善兰恒等式)。

1861 年　德国魏尔斯特拉斯在柏林讲演中给出连续但处处不可微函数的例子。

1863 年　德国狄利克雷出版《数论讲义》,是解析数论的经典文献。

1865 年　伦敦数学会成立,是历史上第一个成立的数学会。

1866年　俄国切比雪夫利用切比雪夫不等式建立关于独立随机变量序列的大数定律,成为概率论研究的中心课题。德国黎曼的《用三角级数表示函数的可表示性》正式发表,建立了黎曼积分理论。

1871年　德国克莱因在射影空间中适当引进度量而得到双曲几何与椭圆几何,这是不用曲面而获得的非欧几何模型。德国康托尔在三角级数表示的唯一性研究中首次引进了无穷集合的概念,并在以后的一系列论文中奠定了集合论的基础。

1872年　德国克莱因发表《埃尔朗根纲领》,建立了把各种几何学看作某种变换群的不变量理论的观点,以群论为基础统一了几何学。实数理论的确立:康托尔的基本序列论;戴德金的分割论;魏尔斯特拉斯的单调序列论。

1873年　法国埃尔米特证明 e 的超越性。

1874年　挪威李开创连续变换群的研究,现称李群理论。

1879年　德国弗雷格出版《概念语言》,建立量词理论,给出第一个严密的逻辑公理体系,后又出版《算术基础》(1884)等著作,试图把数学建立在逻辑的基础上。

1881—1884 年　德国克莱因与法国庞加莱创立自守函数论。

1881—1886 年　法国庞加莱创立微分方程定性理论。

1882 年　德国帕施给出第一个射影几何公理系统。德国林德曼证明 π 的超越性。

1887 年　法国达布著《曲面的一般理论》,发展了活动标架法。

1889 年　意大利皮亚诺著《算术原理新方法》,给出自然数公理体系。

1894 年　荷兰斯蒂尔杰斯发表《连分数的研究》,引进新的积分(斯蒂尔杰斯积分)。

1895 年　法国庞加莱著《位置几何学》,创立用剖分研究流形的方法,为组合拓扑学奠定基础。德国弗罗贝尼乌斯开始群的表示理论的系统研究。

1896 年　德国闵可夫斯基著《数的几何》,创立系统的数的几何理论。法国阿达马与瓦里-布桑证明素数定理。

1897 年　第一届国际数学家大会在瑞士苏黎世举行。

1898 年　英国皮尔逊创立描述统计学。

1899 年　德国希尔伯特出版《几何基础》,给出历史上第一个完备的欧几里得几何公理系统,开创了公理化方法,并预示了数学基础的形式主义观点。

1900 年　德国希尔伯特在巴黎第二届国际数学家大会上做题为《数学问题》的报告,提出了 23 个著名的数学问题。

▶▶ **数学的分类**

根据 MSC(Mathematics Subject Classification)分类法对数学进行分类。

➡➡**1. 普通数学(general/foundations)**

1.1　一般数学(包括趣味数学、数学哲学和数学建模等)

1.2　数学史、数学传记

1.3　数理逻辑:包括模型理论(model theory),可计算理论（computability theory），集合论，证明论，代数逻辑等。

➡➡**2. 离散数学和代数**

2.1 组合数学

2.2 序列理论

2.3 一般代数系统

2.4 数论

2.5 场论和多项式

2.6 交换环和交换代数

2.7 代数几何

2.8 线性代数和多重线性代数，矩阵论

2.9 组合环和组合代数

2.10 非组合环和非组合代数

2.11 范畴论，同调代数

2.12 K-理论

2.13 群论

2.14 拓扑群，李群及其分析

➡️➡️ 3. 分 析

3.1 实函数

3.2 测度论

3.3 复函数,包括复数域上的逼近论

3.4 位势理论

3.5 多复变分析

3.6 特殊函数

3.7 常微分方程

3.8 偏微分方程

3.9 动力系统,遍历理论

3.10 差分方程,泛函方程

3.11 级数理论

3.12 逼近和展开

3.13 调和分析,包括 Fourier 分析,Fourier 变换,三角逼近

3.14 抽象调和分析

3.15 积分变换,算子微积分

▶▶几个重要的数学奖项

➡➡菲尔兹奖

菲尔兹奖是由已故加拿大数学家菲尔兹于 1924 年提议设立的,1936 年起开始评定,在每届国际数学家大会上颁发,菲尔兹奖的奖品为奖金 1500 美元和一枚金质奖章,得奖者须在该年元旦前未满四十岁。目前是最重要的数学大奖之一。

➡➡沃尔夫奖

沃尔夫奖也是国际数学界的一个大奖。它是在 1976 年 1 月 1 日由沃尔夫及其家族捐献而成立的。宗旨是希望"促进科学和艺术的发展以造福人类"。沃尔夫奖每年颁发一次,奖给在化学、农业、医学、物理、数学和艺术领域的杰出成就者,每个领域奖金 10 万美元,可由几个人联合获得,它没有年龄限制,获奖者都是世界上做出卓越贡献的科学家,也可以说沃尔夫奖就是数学界的"诺贝尔奖"。

➡➡阿贝尔奖

为了纪念挪威著名的数学家阿贝尔诞辰 200 周年,挪威政府于 2003 年设立了一项数学奖——阿贝尔奖。这项每年颁发一次的奖项的奖金高达 80 万美元，相当于诺贝尔奖的奖金，是世界上奖金最高的数学奖。

除了这几个国际性的大奖外，世界各国都设有自己的数学奖。在中国最重要的数学奖有华罗庚数学奖、陈省身数学奖、钟家庆数学奖等。

➡➡华罗庚数学奖

1991 年，为了纪念数学家华罗庚对中国数学事业的杰出贡献，促进中国数学的发展，由湖南教育出版社捐资，与中国数学会共同主办了"华罗庚数学奖"，以奖励和鼓励对中国数学事业的发展做出突出贡献的中国数学家。

遵照华罗庚数学奖奖励条例，该奖每两年评奖一次，主要奖励长期以来对发展中国的数学事业做出杰出贡献的中国数学家。获奖人年龄在 50—70 岁。获得这一奖励的数学家都具备较高的学术水平，引起了国内外数学界的瞩目，对促进中国数学研究起到了积极作用。

➡➡陈省身数学奖

1986 年，由亿利达工业集团创始人刘永龄出资，与中国数学会共同设立陈省身数学奖。该奖是为了肯定陈省身教授的功绩，激励中国中青年数学工作者对发展中国数学事业做出贡献而设立，奖励在数学领域做出突出成果的中国中青年数学家。该奖每两年颁发一次。

➡➡钟家庆数学奖

钟家庆数学奖是 1987 年为纪念英年早逝的中国杰出的数学家钟家庆而设立的，由中国数学会承办，奖励中国最优秀的数学专业硕士研究生和博士研究生。该奖每两年颁发一次。

➡➡苏步青奖

苏步青奖全名为"国际工业与应用数学联合会（ICI-AM）苏步青奖"。成立于 1987 年的国际工业与应用数学大会每四年举行一届，是最高水平的工业与应用数学家大会。大会设有拉格朗日奖、柯拉兹奖、先驱奖、麦克斯韦奖。2003 年 7 月，国际工业与应用数学联合会于悉尼召开第五届国际工业与应用数学大会，设立了以我国已故著名的数学家苏步青先生命名的"苏步青奖"。这是以我国数学家命名的第一个国际性数学大奖，旨在奖励在数学领域对经济腾飞和人类发展的应用方面做出杰出贡献的个人，每四年颁发一次。

➡➡苏步青应用数学奖

苏步青应用数学奖由中国工业与应用数学学会设立,旨在奖励在数学对经济、科技及社会发展的应用方面做出杰出贡献的工业与应用数学工作者,鼓励和促进中国工业与应用数学工作的开展。2003 年 10 月,由中国工业与应用数学学会设立苏步青应用数学奖,该奖不同于国际工业与应用数学联合会于 2003 年 7 月设立的苏步青奖。该奖每两年评选一次,每次得奖者不得超过两名。

参考文献

［1］ 大卫·吕埃勒.数学与人类思维［M］.上海:上海世纪出版股份有限公司,2015.

［2］ 乔尔·利维,等.奇妙数学史［M］.北京:人民邮电出版社,2020.

［3］ 李学数.数学和数学家的故事［M］.上海:上海科学技术出版社,2020.

［4］ 张文俊.数学欣赏［M］.北京:科学出版社,2011.

［5］ 蒋迅,王淑红.数学都知道［M］.北京:北京师范大学出版社,2016.

［6］ 汪晓勤.数学文化透视［M］.上海:上海科学技术出版社,2013.

［7］ 吴军.数学之美［M］.北京:人民邮电出版社,2020.

[8]　梁进.名画中的数学密码[M].北京:科学普及出版社,2018.

[9]　梁进.诗话数学[M].上海:上海科技教育出版社,2019.

[10]　梁进.大自然是个数学老师[M].武汉:长江少年儿童出版社,2020.

[11]　梁进.音乐和数学——谜一般的关系[M].上海:上海科学技术出版社,2022.

[12]　数 学 史[EB/OL].[2021-05-21].https://baike.baidu.com/item/％E6％95％B0％E5％AD％A6％E5％8F％B2/5310815♯6.

参考文献

"走进大学"丛书书目

什么是地质？ 殷长春   吉林大学地球探测科学与技术学院教授（作序）

               曾   勇   中国矿业大学资源与地球科学学院教授

                         首届国家级普通高校教学名师

               刘志新   中国矿业大学资源与地球科学学院副院长、教授

什么是物理学？孙   平   山东师范大学物理与电子科学学院教授

               李   健   山东师范大学物理与电子科学学院教授

什么是化学？ 陶胜洋   大连理工大学化工学院副院长、教授

               王玉超   大连理工大学化工学院副教授

               张利静   大连理工大学化工学院副教授

什么是数学？ 梁   进   同济大学数学科学学院教授

什么是大气科学？黄建平   中国科学院院士

                         国家杰出青年基金获得者

               刘玉芝   兰州大学大气科学学院教授

               张国龙   兰州大学西部生态安全协同创新中心工程师

什么是生物科学？赵   帅   广西大学亚热带农业生物资源保护与利用国家重点
实验室副研究员

               赵心清   上海交通大学微生物代谢国家重点实验室教授

               冯家勋   广西大学亚热带农业生物资源保护与利用国家重点
实验室二级教授

什么是地理学？段玉山   华东师范大学地理科学学院教授

               张佳琦   华东师范大学地理科学学院讲师

什么是机械？ 邓宗全   中国工程院院士

                         哈尔滨工业大学机电工程学院教授（作序）

               王德伦   大连理工大学机械工程学院教授

                         全国机械原理教学研究会理事长

什么是材料？ 赵   杰   大连理工大学材料科学与工程学院教授

什么是自动化？ 王　伟　大连理工大学控制科学与工程学院教授
　　　　　　　　　　国家杰出青年科学基金获得者(主审)
　　　　　　　王宏伟　大连理工大学控制科学与工程学院教授
　　　　　　　王　东　大连理工大学控制科学与工程学院教授
　　　　　　　夏　浩　大连理工大学控制科学与工程学院院长、教授
什么是计算机？ 嵩　天　北京理工大学网络空间安全学院副院长、教授
什么是土木工程？
　　　　　　　李宏男　大连理工大学土木工程学院教授
　　　　　　　　　　国家杰出青年科学基金获得者
什么是水利？ 张　弛　大连理工大学建设工程学部部长、教授
　　　　　　　　　　国家杰出青年科学基金获得者
什么是化学工程？
　　　　　　　贺高红　大连理工大学化工学院教授
　　　　　　　　　　国家杰出青年科学基金获得者
　　　　　　　李祥村　大连理工大学化工学院副教授
什么是矿业？ 万志军　中国矿业大学矿业工程学院副院长、教授
　　　　　　　　　　入选教育部"新世纪优秀人才支持计划"
什么是纺织？ 伏广伟　中国纺织工程学会理事长(作序)
　　　　　　　郑来久　大连工业大学纺织与材料工程学院二级教授
什么是轻工？ 石　碧　中国工程院院士
　　　　　　　　　　四川大学轻纺与食品学院教授(作序)
　　　　　　　平清伟　大连工业大学轻工与化学工程学院教授
什么是交通运输？
　　　　　　　赵胜川　大连理工大学交通运输学院教授
　　　　　　　　　　日本东京大学工学部 Fellow
什么是海洋工程？
　　　　　　　柳淑学　大连理工大学水利工程学院研究员
　　　　　　　　　　入选教育部"新世纪优秀人才支持计划"
　　　　　　　李金宣　大连理工大学水利工程学院副教授
什么是航空航天？
　　　　　　　万志强　北京航空航天大学航空科学与工程学院副院长、教授
　　　　　　　杨　超　北京航空航天大学航空科学与工程学院教授
　　　　　　　　　　入选教育部"新世纪优秀人才支持计划"
什么是食品科学与工程？
　　　　　　　朱蓓薇　中国工程院院士
　　　　　　　　　　大连工业大学食品学院教授

什么是生物医学工程？

万遂人　东南大学生物科学与医学工程学院教授
　　　　中国生物医学工程学会副理事长（作序）

邱天爽　大连理工大学生物医学工程学院教授

刘　蓉　大连理工大学生物医学工程学院副教授

齐莉萍　大连理工大学生物医学工程学院副教授

什么是建筑？　齐　康　中国科学院院士
　　　　　　　　东南大学建筑研究所所长、教授（作序）

唐　建　大连理工大学建筑与艺术学院院长、教授

什么是生物工程？　贾凌云　大连理工大学生物工程学院院长、教授
　　　　　　　　　　入选教育部"新世纪优秀人才支持计划"

袁文杰　大连理工大学生物工程学院副院长、副教授

什么是哲学？　林德宏　南京大学哲学系教授
　　　　　　　　南京大学人文社会科学荣誉资深教授

刘　鹏　南京大学哲学系副主任、副教授

什么是经济学？　原毅军　大连理工大学经济管理学院教授

什么是社会学？　张建明　中国人民大学党委原常务副书记、教授（作序）

陈劲松　中国人民大学社会与人口学院教授

仲婧然　中国人民大学社会与人口学院博士研究生

陈含章　中国人民大学社会与人口学院硕士研究生

什么是民族学？　南文渊　大连民族大学东北少数民族研究院教授

什么是公安学？　靳高风　中国人民公安大学犯罪学学院院长、教授

李姝音　中国人民公安大学犯罪学学院副教授

什么是法学？　陈柏峰　中南财经政法大学法学院院长、教授
　　　　　　　　第九届"全国杰出青年法学家"

什么是教育学？　孙阳春　大连理工大学高等教育研究院教授

林　杰　大连理工大学高等教育研究院副教授

什么是体育学？　于素梅　中国教育科学研究院体卫艺教育研究所副所长、研究员

王昌友　怀化学院体育与健康学院副教授

什么是心理学？　李　焰　清华大学学生心理发展指导中心主任、教授（主审）

于　晶　曾任辽宁师范大学教育学院教授

什么是中国语言文学？

赵小琪　广东培正学院人文学院特聘教授
　　　　武汉大学文学院教授

谭元亨　华南理工大学新闻与传播学院二级教授

什么是历史学？　张耕华　华东师范大学历史学系教授

什么是林学？	张凌云	北京林业大学林学院教授
	张新娜	北京林业大学林学院讲师
什么是动物医学？	陈启军	沈阳农业大学校长、教授
		国家杰出青年科学基金获得者
		"新世纪百千万人才工程"国家级人选
	高维凡	曾任沈阳农业大学动物科学与医学学院副教授
	吴长德	沈阳农业大学动物科学与医学学院教授
	姜　宁	沈阳农业大学动物科学与医学学院教授
什么是农学？	陈温福	中国工程院院士
		沈阳农业大学农学院教授（主审）
	于海秋	沈阳农业大学农学院院长、教授
	周宇飞	沈阳农业大学农学院副教授
	徐正进	沈阳农业大学农学院教授
什么是医学？	任守双	哈尔滨医科大学马克思主义学院教授
什么是中医学？	贾春华	北京中医药大学中医学院教授
	李　湛	北京中医药大学岐黄国医班（九年制）博士研究生
什么是公共卫生与预防医学？		
	刘剑君	中国疾病预防控制中心副主任、研究生院执行院长
	刘　珏	北京大学公共卫生学院研究员
	么鸿雁	中国疾病预防控制中心研究员
	张　晖	全国科学技术名词审定委员会事务中心副主任
什么是护理学？	姜安丽	海军军医大学护理学院教授
	周兰姝	海军军医大学护理学院教授
	刘　霖	海军军医大学护理学院副教授
什么是管理学？	齐丽云	大连理工大学经济管理学院副教授
	汪克夷	大连理工大学经济管理学院教授
什么是图书情报与档案管理？		
	李　刚	南京大学信息管理学院教授
什么是电子商务？	李　琪	西安交通大学电子商务专业教授
	彭丽芳	厦门大学管理学院教授
什么是工业工程？	郑　力	清华大学副校长、教授（作序）
	周德群	南京航空航天大学经济与管理学院院长、教授
	欧阳林寒	南京航空航天大学经济与管理学院副教授
什么是艺术学？	梁　玖	北京师范大学艺术与传媒学院教授
什么是戏剧与影视学？		
	梁振华	北京师范大学文学院教授、影视编剧、制片人